NATIONAL PUBLICATION FOUNDATION

· 中国海洋产业研究丛书 ·

侍茂崇 主编

U0391213

中国海洋经济

发展现状与前景研究

刘洪滨 ◎ 主编

SPM
南方出版传媒
广东经济出版社
·广州·

图书在版编目（CIP）数据

中国海洋经济发展现状与前景研究／刘洪滨主编.—广州：广东经济出版社，2018.5

ISBN 978－7－5454－6330－9

Ⅰ.①中… Ⅱ.①刘… Ⅲ.①海洋经济－经济发展－研究－中国 Ⅳ.①P74

中国版本图书馆 CIP 数据核字（2018）第 109587 号

出 版 人：李　鹏
责任编辑：甘雪峰　易　伦
责任技编：许伟斌
装帧设计：介　桑

中国海洋经济发展现状与前景研究
Zhongguo Haiyang Jingji Fazhan Xianzhuang Yu Qianjing Yanjiu

出版发行	广东经济出版社（广州市环市东路水荫路 11 号 11～12 楼）
经销	全国新华书店
印刷	广州市岭美彩印有限公司 （广州市荔湾区花地大道南海南工商贸易区 A 幢）
开本	730 毫米×1020 毫米　1/16
印张	12.75
字数	200 000 字
版次	2018 年 5 月第 1 版
印次	2018 年 5 月第 1 次
书号	ISBN 978－7－5454－6330－9
定价	58.00 元

如发现印装质量问题，影响阅读，请与承印厂联系调换。
发行部地址：广州市环市东路水荫路 11 号 11 楼
电话：（020）37601950　邮政编码：510075
邮购地址：广州市环市东路水荫路 11 号 11 楼
电话：（020）37601980　营销网址：http://www.gebook.com
广东经济出版社新浪官方微博：http://e.weibo.com/gebook
广东经济出版社常年法律顾问：何剑桥律师

编委会

主　编　刘洪滨

编　委　倪国江　刘　康

　　　　赵玉杰　管筱牧

总序

Preface

侍茂崇

  2013年9月和10月习近平主席在出访中亚和东盟期间分别提出了"丝绸之路经济带"和"21世纪海上丝绸之路"两大构想（简称为"一带一路"）。该构想突破了传统的区域经济合作模式，主张构建一个开放包容的体系，以开放的姿态接纳各方的积极参与。"一带一路"既贯穿了中华民族源远流长的历史，又承载了实现中华民族伟大复兴"中国梦"的时代抉择。

  海洋拥有丰富的自然资源，是地球的主要组成部分，是人类赖以生存的重要条件。它所蕴含的能源资源、生物资源、矿产资源、运输资源等，都具有极大的经济价值和开发价值。21世纪需要我们对海洋全面认识、充分利用、切实保护，把开发海洋作为缓解人类面临的人口、资源与环境压力的有效途径。

  我国管辖海域南北跨度为38个纬度，兼有热带、亚热带和温带三个气候带。海岸线北起鸭绿江，南至北仑河口，长1.8万多千米。加上岛屿岸线1.4万千米，我国海岸线总长居世界第四。大陆架面积130万平方千米，位居世界第五。我国领海和内水面积37万~38万平方千米。同时，根据《联合国海洋法公约》的规定，沿海国家可以划定200海里专属经济区和大陆架作为自己的管辖海域。在这些

1

海域，沿海国家有勘探开发自然资源的主权权利。我国海洋面积辽阔，蕴藏着丰富的海洋资源。

自改革开放以来，中国经济取得了令人瞩目的成就。进入21世纪后，海洋经济更是有了突飞猛进的发展，据国家海洋局初步统计，2017年全国海洋生产总值77611亿元，比上年增长6.9%，海洋生产总值占国内生产总值的9.4%。同时，海洋立法、海洋科技和海洋能源勘测、海洋资源开发利用等方面也取得了巨大的进步，我国公民的海权意识和环保意识也大幅提高，逐渐形成海洋产业聚集带、海陆一体化等发展思路。但总体而言，我国海洋产业发展较为落后。而且，伴随着对海洋的过度开发，其环境承载能力也受到威胁。海洋生物和能源等资源数量减少，海水倒灌、海岸受到侵蚀，沿海滩涂和湿地面积缩减：种种问题的凸现证明，以初级海洋资源开发、海水产品初加工等为主的劳动密集型发展模式，已经不能适应当今社会的发展。海洋产业区域发展不平衡、产业结构不尽合理、科技含量低、新兴海洋产业尚未形成规模等，是我们亟待解决的问题，也是本书要阐述的问题。

海洋产业有不同分法。

传统海洋产业划分为12类：海洋渔业、海洋油气业、海洋矿业、海洋船舶业、海洋盐业、海洋化工业、海洋生物医药业、海洋工程建筑业、海洋电力业、海水利用业、海洋交通运输业、海洋旅游业。

有的学者根据产业发展的时间序列分类：传统海洋产业、新兴海洋产业、未来海洋产业。在海洋产业系统中，海洋渔业中的捕捞业、海洋盐业和海洋运输业属于传统海洋产业的范畴；海洋养殖业、滨海旅游业、海洋油气业属于新兴海洋产业的范畴；海水资源开发、海洋观测、深海采矿、海洋信息服务、海水综合利用、海洋生物技术、海洋能源利用等属于未来海洋产业的范畴。

有的学者按三次产业划分：海洋第一产业指海洋渔业中的海洋

水产品、海洋渔业服务业以及海洋相关产业中属于第一产业范畴的部门。海洋第二产业是指海洋渔业中海洋水产品加工、海洋油气业、海洋矿业、海洋盐业、海洋化工业、海洋生物医药业、海洋电力业、海水利用业、海洋船舶工业、海洋工程建筑业，以及海洋相关产业中属于第二产业范畴的部门。海洋第三产业，包括海洋交通运输业、滨海旅游业、海洋科研教育管理服务业以及海洋相关产业中属于第三产业范畴的部门。

根据党的十九大报告提出的"坚持陆海统筹，加快建设海洋强国"，我国海洋经济各相关部门将坚持创新、协调、绿色、开放、共享的新发展理念，主动适应并引领海洋经济发展新常态，加快供给侧结构性改革，着力优化海洋经济区域布局，提升海洋产业结构和层次，提高海洋科技创新能力。本丛书旨在为我国拓展蓝色经济空间、建设海洋强国提供一定的合理化建议和理论支持，为实现中华民族伟大复兴的"中国梦"贡献力量。

本丛书总的思路是：有机整合中国传统的"黄色海洋观"与西方的"蓝色海洋观"的合理内涵，并融合"绿色海洋观"，阐明海洋产业发展的历史观，以形成全新的现代海洋观——在全球经济一体化及和平与发展成为当今世界两大主题的新时代背景下，以海洋与陆地的辩证统一关系为视角，去认识、利用、开发与管控海洋。这一现代海洋观，跳出了中国历史上"黄色海洋观"与西方历史上"蓝色海洋观"的时代局限，体现了历史传承与理论创新的精神。

21世纪是海洋的世纪，强于世界者必盛于海洋，衰于世界者必败于海洋。

目录

contents

前言

preface

海洋面积占地球表面积的71%，蕴藏着非常丰富的资源，是全球生命支持系统的重要组成部分，也是人类经济社会实现可持续发展的战略空间。合理开发海洋、切实保护海洋、发展海洋经济已经成为关系到沿海国家生存、发展和强盛的重大战略问题。

过去的30多年里，世界各沿海国家不断加快海洋开发的步伐，全球海洋经济产值由1980年的不足2500亿美元上升到2010年的20000亿美元，海洋经济对全球GDP的贡献率达到4%。预计2020年全球海洋经济产值将达30000亿美元。

改革开放以来，中国海洋经济发展迅猛，主要海洋产业发展速度一直明显高于同期国民经济增长速度。2016年全国海洋生产总值为70507亿元，比上年增长6.8%，占国内生产总值的9.5%。其中，海洋产业增加值为43283亿元，海洋相关产业增加值为27224亿元，海洋第一产业增加值为3566亿元，第二产业增加值为28488亿元，第三产业增加值为38453亿元。海洋第一、第二、第三产业增加值占海洋生产总值的比重分别为5.1%、40.4%和54.5%。据测算，2016年全国涉海就业人员有3624万人。

进入21世纪，随着世界人口的急速膨胀，陆地资源的日趋枯竭以及环境的加速恶化，人类自身生存和发展与资源趋减、环境恶化之间的矛盾越发突出，世界现代化进程面临着严峻挑战，实现资源、环境可持续利用成为人类生存和发展的头等大事。在这种背景下，人类再一次把目光转向了海洋，向海洋进军、开发海洋资源成为世界各沿海国家和地区的共同行动。

2000年，韩国发布了《韩国21世纪海洋》，从国家战略层面提出了韩国海洋事业发展的三大基本目标：创造有生命力的海洋国土，发展以高科技为基础的海洋产业，保持海洋资源的可持续开发。2002年，加拿大出台了《加拿大海洋战略》，提出了解和保护海洋环境、促进经济的可持续发展和确保加拿大在海洋事务中的国际地位三大目标。2004年，美国出台了《21世纪海洋蓝图》，公布了《美国海洋行动计划》，开始了新的海洋经济发展体制机制建设。2004年，日本发布了第一部《海洋白皮书》，提出对海洋实施全面管理和发展海洋经济；2007年，日本通过了《海洋基本法》，明确提出制订海洋经济等与海洋相关的基本计划及政策。

鉴于世界沿海各国对海洋经济的高度重视，在政策和科技进步的推动下，全球海洋经济将保持较快的发展速度，预计年均增长率将达到3%，主要增长领域在海洋油气业、海洋水产业、海洋安全、海洋生物技术、水下交通工具、海洋信息技术、海洋娱乐休闲业、海洋服务和海洋新能源开发等。

20世纪90年代以来，中国海洋经济以15%～16%的年增长率发展，海洋产业成为沿海地区的重要支柱产业，海洋新兴产业异军突起，发展速度快于行业整体发展速度。2016年，中国海洋经济增速为6.8%，基本与国民经济增长率（6.7%）同步。随着海洋战略地位的日益提升和"海洋强国"战略的实施，中国经济社会可持续发展将越来越多地依赖于海洋，海洋经济仍将保持较快的增长速度，在中国国民经济体系中的战略地位将更加突出。

为使更多的人了解海洋经济并积极参与到海洋经济这一具有广阔发展前景的经济领域中来，青岛太平洋学会组织海洋经济领域的专家学者编写了本书，主要内容包括海洋经济基本理论、中国海洋经济发展现状、中国海洋经济发展趋势、相关国家海洋经济发展现状与趋势等。希望本书对期望了解海洋经济知识、关心海洋经济发展、参与海洋经济发展的人能有所借鉴和帮助，最终达到引导全社会更多力量共同参与推动中国海洋经济可持续发展的目的。

刘洪滨

2017年5月于青岛

第一篇
中国海洋经济发展现状与趋势

第一章 海洋经济的基本理论

与人类漫长的海洋开发历史相比,人们对海洋的系统性经济学研究远远滞后,且在很长时间里研究视野仅限于海洋渔业、海洋运输等个别海洋经济部门。20世纪70年代初,美国的一些经济学家和政府部门开始利用经济学的理论和方法系统性地研究海洋领域的经济问题,海洋经济学由此成为一门独立的学科。此后,澳大利亚、加拿大、日本、韩国等发达沿海国家的政府部门和经济学家运用区域经济学、数量经济学、技术经济学、产业经济学、生态经济学以及环境经济学的基本原理,进一步拓展了海洋经济学的学科体系,海洋经济学由此发展成为一门独立的综合性交叉学科。20世纪70年代中期,海洋经济的概念开始在中国出现,之后中国学者对海洋经济问题开展了长期不懈的学术探讨,中国海洋经济的理论体系随着研究的深入以及海洋经济发展实践的推进而不断完善。

一、海洋经济

(一)概念

对很多人而言,"海洋经济"还是个陌生的词语。其实,海洋经济就在我们每个人的身边。我们平时做饭使用的海盐、到市场购买的海鱼、海边旅游乘坐的游船等,都是海洋经济具体的生产和服务性活动的结果。海洋经济学者把这些活动总括起来，给海洋经济下了一个科学的定义：海洋经济是开发、利用和保护海洋的各类产业活动以及与之相关联的活动的总和。海洋经济是人类经济系统的组成部分，因为其生产和作业活动主要发生在海洋区域，或虽发生在陆域但与海洋有关，所以被划分出来，成为具有相对独立性的经济领域。

（二）分类

学者们从不同的角度将海洋经济划分为不同的类型。按海洋经济发展的历史时期，分为远古代海洋经济、古代海洋经济、近代海洋经济、现代海洋经济；按海洋开发的技术水平和时间过程，分为传统海洋经济、现代海洋经济、未来海洋经济；按海洋经济部门结构，分为海洋渔业经济、海洋运输经济、海洋制盐及盐化工经济、海洋油气经济、海洋矿产经济、海洋工程经济、海洋旅游经济、海洋能源经济、海洋服务业经济；按海洋空间地理类型，分为海岸带经济、海岛经济、河口三角洲经济、专属经济区经济和大洋经济。

二、海洋产业

（一）概念

如果说海洋经济是一个大家族，那么这个家族的具体成员就是一个个海洋产业。也就是说，海洋经济是由多个海洋产业组成的综合性经济部门。20世纪60年代以来，随着全球性海洋开发热潮的兴起，海洋经济成为沿海国家和地区国民经济的重要领域。同时，新的海洋产业部门不断产生、发展，日益成熟。海洋产业是海洋资源开发利用和保护的结果，海洋资源只有通过海洋产业这个孵化器才能转化并成长为海洋经济。

所谓海洋产业，是指开发、利用和保护海洋资源而形成的各种物质生产和非物质生产部门的总和，即人类利用海洋资源和海洋空间所进行的各类生产和服务活动，或人类在海洋中及以海洋资源为对象的社会生产、交换、分配和消费的活动。

海洋产业活动具体分为五方面：直接从海洋中获取产品的生产和服务，直接对从海洋中获取的产品进行的一次性加工生产和服务，直接应用于海洋的产品生产和服务，利用海水或海洋空间作为生产过程的基本要素进行的生产和服务，海洋科学研究、教育、技术等其他服务和管理。属于上述五方面之一的经济活动，无论其发生地是否为沿海地区，均视为海洋产业。

（二）分类

海洋产业由多个部门组成，构成复杂。基于行业管理和产业发展的需要，2007年6月，由国家海洋信息中心和中国海洋大学共同起草的《海洋及相关产业分类》（GB/T 20794—2006），对列入中国海洋经济统计的海洋产业部门进行了分类，对相关统计指标的统计口径进行了统一，并对各海洋产业的名称进行了规范。

根据《海洋及相关产业分类》，海洋产业分为海洋产业及海洋相关产业两个类别，具体又细分为29个大类、106个中类和390个小类。

海洋产业体系主要包括海洋渔业、海洋油气业、海洋矿业、海洋盐业、海洋化工业、海洋生物医药业、海洋电力业、海水利用业、海洋船舶工业、海洋工程建筑业、海洋交通运输业、滨海旅游业12个主要海洋产业以及海洋科研教育管理服务业（表1-1）。

海洋相关产业是指以各种投入产出为联系纽带，与主要海洋产业构成技术经济联系的上下游产业，涉及海洋农林业、海洋设备制造业、涉海产品及材料制造业、涉海建筑与安装业、海洋批发与零售业、涉海服务业等。

表1-1　海洋产业体系

海洋渔业	包括海水养殖、海洋捕捞、海洋渔业服务业和海洋水产品加工等活动
海洋油气业	是指在海洋中勘探、开采、输送、加工原油和天然气的生产活动
海洋矿业	是指滨海砂矿、滨海土砂石、滨海地热、海底矿产等的采选活动
海洋盐业	是指利用海水生产以氯化钠为主要成分的盐产品的活动，包括采盐和盐加工
海洋化工业	包括海盐化工、海水化工、海藻化工及海洋石油化工的化工产品生产活动
海洋生物医药业	是指以海洋生物为原料，进行海洋医用材料与药物、功能食品、农药等的生产加工及制造活动
海洋电力业	是指在沿海地区利用海洋能、海洋风能进行的电力生产活动。不包括沿海地区的火力发电和核力发电
海水利用业	是指对海水的直接利用、海水淡化及海水化学资源提取等综合性生产活动
海洋船舶工业	是指以金属或非金属为主要材料，制造海洋船舶、海上固定装置、浮动装置的活动，以及对海洋船舶的修理及拆卸活动
海洋工程建筑业	是指在海上、海底和海岸所进行的用于海洋生产、交通、娱乐、防护等用途的建筑工程施工及其准备活动，包括海港建筑、滨海电站建筑、海岸堤坝建筑、海洋隧道桥梁建筑、海上油气田陆地终端及处理设施建造、海底线路管道和设备安装，不包括各部门、各地区的房屋建筑及房屋装修工程

海洋交通运输业	是指以船舶为主要工具从事海洋运输以及为海洋运输提供服务的活动，包括远洋旅客运输、沿海旅客运输、远洋货物运输、沿海货物运输、水上运输辅助活动、管道运输、装卸搬运及其他运输服务
滨海旅游业	包括以海岸带、海岛及海洋各种自然景观、人文景观为依托的旅游经营、服务活动。主要包括海洋观光游览、休闲娱乐、度假住宿、体育运动
海洋科研教育管理服务业	是指开发、利用和保护海洋过程中所进行的科研、教育、管理及服务等活动，包括海洋信息服务业、海洋环境监测预报服务、海洋保险与社会保障业、海洋科学研究、海洋技术服务业、海洋地质勘查业、海洋环境保护业、海洋教育、海洋管理、海洋社会团体与国际组织等

根据不同的标准，可以对海洋产业进行进一步划分。按照三次产业分类法，海洋产业可以分为海洋第一产业、海洋第二产业和海洋第三产业。海洋第一产业，仅包括海洋渔业中的海洋捕捞和海水养殖；海洋第二产业，包括海洋水产品加工业、海洋油气业、滨海砂矿业、海洋盐业、海洋化工业、海洋生物制品与医药业、海洋可再生能源业、海水综合利用业、船舶与海工装备业、海洋工程建筑业等；海洋第三产业，包括海洋交通运输业、滨海旅游业、海洋科研教育管理服务业等。三次产业之外，还有海洋第零产业和海洋第四产业。海洋第零产业即海洋资源产业，指从事海洋资源生产、再生产的物质生产部门，大体可分为资源勘查业、资源养护业和资源再生业三类；海洋第四产业现在主要是指海洋电子信息业。海洋第零产业和第四产业是海洋产业三次分类的延伸，体现了产业发展的趋势和海洋产业的特点。

按照发展的时序和技术标准来划分，还可以把海洋产业分为传统海洋产业、新兴海洋产业和未来海洋产业。传统海洋产业指20世纪60年代以前已经形成并大规模开发且不完全依赖现代高新技术的产业，主要包括海洋捕捞业、海洋交通运输业、海水制盐业和船舶修造业；新兴海洋产业在20世纪60年代以后至21世纪初形成，是由于科学技术进步发现了新的海洋资源或者拓展了海洋资源利用范围而成长起来的产业，包括海洋油气业、海水增养殖业、滨海旅游业、海水淡化、海洋药物等产业；未来海洋产业是指21世纪刚刚开发且依赖高新技术的产业，如深海采矿、海洋能利用、海水综合利用和海洋空间利用等。

（三）海洋产业关联性

1. 海陆产业存在关联

（1）海洋产业是陆地产业向海延伸的结果。

海洋产业与陆地产业是相互联系、相互影响的，海洋产业是陆地产业向海洋延伸的结果。陆地产业通过科技的发展，具备了向海洋发展、开发海洋资源的能力，逐渐形成海洋产业。海洋资源优势只有在与沿海陆域经济联动发展中，在与全国的生产力布局紧密结合中和与国际社会的合作中才能得到充分的开发和利用。现代海洋资源的深度和广度开发，需要有强大的陆域经济作为支撑（图1-1）。

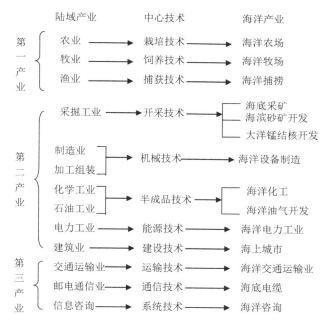

图1-1　陆海产业传导示意图

由于海洋开发的深入，海陆关系越来越密切，海陆之间资源的互补性、产业的互动性、经济的关联性进一步增强，海洋经济发展中的制约因素只有在与陆域经济的互补、互助中才能逐步消除和解决。因此，构筑海陆一体发展格局就显得十分重要。海陆一体将使技术、资源、人才、资金得到合理配置与有效利用，在各种要素的组合过程中，空间选择范围扩大，要素组合更加优化。只有统筹海域与陆域的发展，统筹海洋开发的国内区域合作和国际合作与竞争，在海陆一体化上多做文章，对现存的经济资源进行合理配置，海洋经济才能产生最佳的配置效益，取得更多增长。

（2）海陆产业关联集中体现在临海产业和海岸带地区。

从产业来说，海洋产业和陆地产业的关联性集中体现于临海产业。临海产业并不是独立于海洋产业和陆域产业两大系统之外的，而是陆域产业中布局于海岸带地区并与海洋产业密切相关的产业类型。

从产业关联的角度来看，许多临海产业实质上是海洋产业的产业链在海岸带和陆域的延伸。临海产业一般是指介于海洋产业和陆域产业之间，依托某些海洋产业的发展而发展起来的部门。具体包括：第一类，利用海运原料和产品的工业（有些地区称为港口工业或临港工业），如沿海钢铁工业、沿海经济技术开发区的外向型加工业等；第二类，利用海域空间的企业，如海洋开发设备制造业、筑港工程设施、海上石油勘探基地等；第三类，可大量用海水做冷却水的企业，如海盐化工业、港口电站、滨海核电站及其他耗水工业。

从空间地域来看，海洋产业和陆地产业的关联性集中体现于海岸带。海岸带是指陆地与海洋的交界地带，是海岸线向陆、海两侧扩展一定宽度的带型区域，是一个海陆交织并相互影响的区域。在海岸带地区，海陆产业系统的布局并不是相互割裂的，而是交叉分布、相互影响的。在目前的科技水平条件下，海洋产业系统中各具体产业均布局在沿海陆域，即使是在海域完成生产过程的海洋捕捞、海洋交通运输、海洋油气等产业，也要建立相应的陆上基地。海陆产业在空间上的依存性客观上要求我们不能仅仅把沿海陆地作为海洋开发的背景，而要根据海陆产业的联系机理，减少海洋经济与陆域经济之间的矛盾，将沿海地区整合为统一的经济系统，进行联动规划和统筹开发，以寻求综合效益的最大化。

2. 海洋产业关联方式

产业关联是指在经济活动中，各产业之间存在的广泛的、复杂的和密切的技术经济联系。按产业间供给与需求关系，产业关联分为前向关联和后向关联。前向关联是指该部门通过供给与其他需求部门所发生的技术经济联系。前向关联产业大多是为国民经济提供原材料的基础行业。后向关联指该部门通过需求与其他供给部门所发生的技术经济联系。后向关联产业大多通过需求效应对其他产业部门的发展起带动作用。不同的海洋产业由于属性不同，其前后向关联产业有所差异。

（1）海洋渔业。

根据生产方式的不同，海洋渔业可以分为捕捞业和养殖业。捕捞业的后向关联产业主要有渔船修造、渔具制造、渔港建设等，这些产业为捕捞生产提供生产工具和后勤补给。养殖业的后向关联产业主要有渔用饲料生产、养殖技术服务等。相对于其他海洋产业，海洋渔业的生产工艺简单，后向关联产业数量较少，因此对经济的带动作用不明显。但是，海洋渔业作为国家"大农业"的组成部分，属于基础产业，为许多陆域产业提供产品，其前向关联产业数量较多，如水产品加工、餐饮业、食品工业、水产品仓储和物流等（图1-2）。

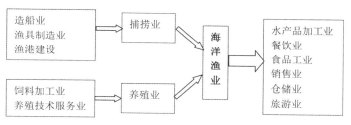

图1-2　海洋渔业的关联产业

（2）海洋船舶工业。

海洋船舶工业作为一个巨大的综合性产业载体，后向关联产业很多，涉及钢铁、机械、电子、电气、化工、轻纺、建材、仪表等几十个行业。海洋船舶工业的核心是造船业。据统计，在一艘船的总产值中，船厂制造占1/3，材料工业占1/4，机械工业占1/3，其余近1/10由服务业和船用品制造业提供。一个大型造船企业在生产过程中需要有上千家企业为其提供配套服务。因此，造船业特别是大型造船企业对经济的带动作用非常明显。造船业的产品是各种类型的船舶，其前向关联产业主要是海洋运输、海洋捕捞、海洋工程建设等海洋产业，因此，造船业的发展水平直接影响到海洋开发的总量规模和水平（图1-3）。

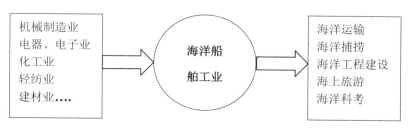

图1-3　海洋船舶工业的关联产业

另外，造船业是一个典型的劳动密集型产业，从船舶工业资本构成的平均水平来看，造船的劳动力费用约占总成本的40%，修船与拆船的劳动力成本占总成本的70%以上。造船业的发展为陆域过剩劳动力提供了大量的就业机会，通过劳动力的产业间流动与众多陆域产业产生间接联系。

（3）海盐业。

传统的海盐生产是从海水中直接晒盐，属于资源初级利用活动，对其他产业的需求很少，因此几乎不存在后向关联产业。近年来，许多沿海地区在海盐生产中普遍采用渔盐结合的生产工艺，即海水经鱼、虾、蟹养殖，卤虫养殖，溴素提取等环节提高浓度后再用于晒盐，使得海盐生产与海水池塘养殖、海水化学元素提取等活动存在一定的后向关联——尽管这种关联是以这些产业的生产废料（海水）而非产品作为海盐生产的投入品。海盐业所产粗盐除少数经过深加工制成食用盐外，大部分用作盐化工生产的原料，因此，其前向关联产业主要为盐化工业。在空间上，海盐业与盐化工业往往集中布局，相邻配置。海盐业通过盐化工业复杂的产业链与精细化工、石油化工等许多下游产业产生间接联系（图1-4）。

图1-4　海盐业的关联产业

（4）滨海旅游业。

旅游是一项涉及"食、宿、行、游、购、娱"六要素的经济活动，前后向关联产业众多。滨海旅游业带动了沿海地区邮电通信业和交通运输业的快速发展，加快了城市基础设施建设和生活服务设施的完善。同时，餐饮娱乐、商业、房地产、会展等众多服务行业都会从滨海旅游业所带来的旅游"人气"中获益（图1-5）。据统计，旅游开发每增加投入1元，可带动区域基础设施建设增加投入4.5元。

图1-5　滨海旅游业的关联产业

（5）海洋油气业。

海洋油气业的前向关联产业主要是石油化工业，但目前石油化工业的生产原料（原油和天然气）主要产自陆地，海洋石油所占的比重相对较小，因此海洋油气业对石油化工业的制约作用并不明显。海洋油气开采的技术工艺复杂，需要陆域地质勘探业和交通运输业等为其提供完善的配套服务，需要机械工业特别是油气装备制造业为其提供必要的作业设备，后向关联产业较多。海上油田开发往往要建立相应的陆域基地，提供设备供应、物资采办、石油装卸等配套服务以及各类生活服务，从而对海岸带区域经济产生较强的带动作用（图1-6）。

图1-6　海洋油气业的关联产业

（6）海洋交通运输业。

海洋交通运输业与其他部门之间存在着较强的前向关联和后向关联。海洋交通运输业为工业、贸易和其他部门提供仓储、集疏运等相关服务；海运廉价的运费促进了钢铁、电力、石油加工等临海产业的发展。同时，海洋交通运输业的发展自身也对造船、港口机械制造、港口码头建设、商检、商贸和金融等行业提供的产品和服务产生了较大的需求（图1-7）。

图1-7　海洋交通运输业的关联产业

（四）海洋产业演化机理

1. 海洋产业结构的演化

海洋产业结构一直处在发展变化过程中。在不同的发展阶段，海洋产业结构呈现出不同的变化趋势，但海洋产业结构高级化是总的发展趋势。按照通行的海洋三次产业划分进行分析，海洋产业结构的演化大致分为以下四个阶段。

（1）第一阶段是起步阶段，即传统海洋产业发展阶段。

人类最初的海洋开发利用活动主要局限于近海的渔盐之利和舟楫之便。以中国为例，1978年以前，中国海洋经济仅有渔业、盐业和沿海交通运输三大传统产业，主要海洋产业总产值只有几十亿元，在资金和技术条件不成熟的情况下，海洋产业的发展一般以海洋水产、海洋交通运输、海盐等传统产业作为发展重点。这一阶段的海洋产业结构表现为明显的"一、三、二"的顺序排列。

（2）第二阶段是海洋第三、第一产业交替演化阶段。

随着海洋经济发展水平的提高以及资金和技术的逐步积累，滨海旅游及海产品加工、包装、储运等后继产业呈现出加快发展的趋势。在这一阶段，滨海旅游、海洋交通运输等海洋第三产业在产值上逐渐超过海洋渔业，在海洋经济中占据主导地位，海洋产业结构也相应地由"一、三、二"型转变为"三、一、二"型。例如，在中国2003年的海洋产业产值构成中，滨海旅游业和海洋交通运输业产值比重达到了41.2%，超过了海洋渔业及其相关产业所占的比重（28%），实现了海洋第三、第一产业的交替。

（3）第三阶段是海洋第二产业大发展阶段。

当资金和技术积累到一定程度后，海洋产业发展的重点逐步转移到海洋生物工程、海洋石油、海上矿业、海洋船舶等海洋第二产业，海洋经济也随之进入高速发展阶段，从而推动海洋产业结构在这一阶段进入"二、三、一"型。20世纪90年代以来，除了规模日益增长的传统海洋产业之外，中国海洋石油工业、滨海旅游业也发展成为主要的海洋产业，海洋化工、海水利用、海洋医药、海洋农牧化、海洋能发电等逐步成为规模较大的独立产业。可以说，目前中国正在为海洋第二产业大发展集聚能量。

（4）第四阶段是海洋产业发展的高级化阶段，也可称之为海洋经济的"服务化"阶段。

在这一阶段，一些传统海洋产业采用新技术成果成功实现了技术升级，规模进一步扩大，发展模式也更加集约化，同时，海洋第三产业重新进入高速发展阶段，尤其是海洋信息、技术服务等新型海洋服务业开始快速发展，从而推动海洋第三产业重新成为海洋经济的支柱，海洋产业结构再次演变为"三、二、一"型。

海洋产业首先从第一产业到第三产业，然后从第三产业到第二产业，再从第二产业到第三产业为主导的动态演化过程，只是代表了海洋产业一般的演化规律。但是，具体到不同的地区时，往往会表现出很大的差异。

首先，不同的地区，各自的海洋资源构成、产业发展基础、传统文化等方面有差别，决定了彼此产业结构演进的路径有所不同。例如，荣成拥有山东全省1/6的海岸线，近海养殖资源丰富。自1980年以来，荣成渔业主要经济指标均居全国各县市之首，有中国第一渔业大县（市）之称，但以水产品养殖、远洋捕捞和加工为主导（海洋第一产业为主导）的海洋产业结构模式短期内难以出现质的变化。

其次，不同地区发展有先后，即使按照同一路径演进，在演进的速度上也是不一样的。究其原因，是因为对后起发展的地区来说，它们既可以借鉴先行发展地区的经验教训，又可以利用它们发明创造的先进技术，从而缩短完成海洋产业结构现代化所需的时间。以海南为例，海南拥有200多万平方千米的海域，占全国海域面积的2/3，蕴藏着丰富的海洋资源。国内外专家预言，21世纪的海南将充分借鉴先进发展地区的经验教训，不但能成为后来居上的海洋经济强省，而且必然是中国建设海洋强国的最大"亮点"。

最后，有些后起地区的海洋经济发展，由于政府积极干预，其产业结构的演进有可能出现跳跃式发展。例如，随着南海油气资源的开发，在中央和地方政府的大力支持和推动下，广东省的海洋油气业发展迅速，成为当地海洋经济中的主导产业。

2. 海洋产业布局的演化

在产业集聚与扩散规律作用下，海洋产业布局的演化大致经历了以下三个阶段。

（1）均匀分布阶段。

进入现代社会以前，海洋产业一直限于"渔盐之利，舟楫之便"的产业形式。由于技术水平不高，这一时期的海洋产业布局受自然资源和自然环境制约严重，加之产品不能满足市场需求，海洋产业布局的主要任务是扩大产业生产能力。因此，这一时期海洋产业基本处于自由发展状态，在布局上主要表现为以区域自然环境与资源为导向，以技术扩散为纽带所展开的产业活动空间沿海岸线不断扩展，总体上呈均匀分布特征。

（2）点状分布阶段。

其基本特征是沿海小城镇的快速发展。沿海小城镇是海洋生产要素和产业高度集聚形成的空间实体，是海洋产业集聚性的集中体现。随着海洋经济的不断发展，海洋产业形式不断增多，海洋产业的集聚性不断增强，相关海洋生产要素和产业不断向特定区域空间集聚，从而形成了一批海洋产业特色鲜明的沿海小城镇。这些小城镇便是海洋产业布局中的点，它们在一定程度上起着组织区域海洋经济发展的作用。

根据产业特征差异，沿海小城镇的发展又可以分为两个阶段：一是数量扩张阶段，同时也是城镇规模不断扩大，形式、功能不断多样化的阶段。二是功能分化阶段，即沿海城镇体系逐渐形成阶段。沿海城镇体系的形成是海陆产业融合和沿海城镇内部竞争的结果。基于海陆产业的内部关联和交互作用，部分产业竞争力较强的沿海小城镇在发展过程中会不断吸纳陆地产业，向海陆产业混合型小城镇转变，并逐步发展成为区域性的海洋经济中心城市。而另一些小城镇则成为这些经济中心城市的依托腹地，中心与腹地之间的联系不断增强，分工也逐渐明确。海洋经济中心城市是海陆产业相互作用的节点，通常也是陆地区域经济的中心，在集聚和扩散作用下它们不仅向陆域释放和吸收能量，也向海域传导，由于它们具备海洋科技进步快、海洋产业高级化，并对周围地区具有较强的辐射、带动功能等特征，从而成为一定区域海洋经济的增长极。

（3）"点—轴"分布阶段。

与陆地产业相同，海洋产业的过度集聚也会产生集聚不经济，因而会引起海洋经济中心产业的扩散。随着沿海城镇体系的发育，不同海洋经济中心之间、海洋经济中心与陆地区域中心之间、海洋经济中心与其依托腹地之间的经济联系都会不断增强，物质、人口、信息、资金流动日益频繁，这促进了连接它们的各种基础设施线路的形成，而这些线路一旦形成，便会成为承接海洋产业集聚和海洋经济中心产业扩散的重要载体，不断吸引人口和产业向沿线集聚，从而促使海洋产业布局形态逐步由点状分布向"点—轴"分布转变。从吸引的产业类型来看，这些线路不仅对陆地产业具有吸引力，而且对海洋产业具有强烈的吸引力，因此，它们既是区域陆地产业布局的发展轴，也是区域海洋产业布局的发展轴。

各种形状的基础设施线路并不是承接海洋经济中心产业扩散的唯一载体，中心城市郊区、次级中心城市及卫星城镇也是海洋经济中心产业扩散的重要去向。随着海洋经济中心城市部分产业的外迁，一些辐射范围更广、集约度和附加值更高的海洋产业项目会逐渐取代这些产业成为海洋经济中心城市的主导产业，使海洋经济中心城市的产业结构得到升级，而从中心迁出的产业在中心城市郊区、次级中心城市、卫星城镇及基础设施线路附近的集聚则会促进中心外围地区的发展。

海洋产业布局的演化过程也是海洋产业分工不断深化的过程。随着海洋产业布局形态逐渐由点状分布向"点—轴"分布转变，沿海地区间的海洋产业联系日益紧密，海洋产业的开放度和有序度不断提高，海洋产业系统的自我组织和自我调节能力也不断增强。"点—轴"分布并不是海洋产业布局演化过程的终点，而是一种新型产业演化形式的开端，这种形式以各节点间产业利益的再分配、产业区位的再选择和产业空间结构的再调整为主要内容，其实质仍然是海洋产业分工的进一步深化。与此同时，各节点间相对地位的变化及区域海洋经济格局的重构也成为普遍现象。

三、海洋经济发展的影响因素

自然资源、生态环境、科学技术是影响海洋经济发展的主要因素，同时政策与战略规划、管理体制、产业基础、地理位置等因素也对海洋经济发展产生重要影响。

（一）自然资源

自然资源是海洋经济发展的基础，对海洋经济的发展起决定性作用。海洋产业是否能发展成为国家或地区的支柱产业或主导产业，在很大程度上取决于自然条件适宜度和海洋资源的丰度。合理、生态、适度、高效地利用自然条件和海洋资源，是海洋经济实现可持续发展的必由之路。

（二）生态环境

海洋是地球三大生态系统之一（另有森林和湿地），海洋资源是海洋生态系统的构成部分，海洋资源开发和海洋经济发展必然会对海洋生态与环境产生影响。如何实现海洋资源开发和海洋生态环境保护的和谐统一，是海洋经济发展必须解决的难题。在海洋经济中，海洋渔业、海洋化工业、滨海旅游业、海洋生物制品与医药业、海盐及盐化工业、海水综合利用业等对海洋生态及环境均有不同程度的依存性，海洋生态与环境的恶化将导致相关海洋产业的停滞或衰退。当前，中国海洋生态与环境已经受到了严重的污染和破坏，对海洋经济可持续发展的阻碍作用日益明显，因此要通过加强海洋环境保护、改善海洋生态环境来保护海洋资源生态系统的良性循环，实现海洋经济的可持续发展。

（三）科学技术

　　科学技术对海洋经济的影响非常深远，现代海洋经济发展必须以高新科技为支撑。一方面，科学技术的进步提高了海洋资源利用的深度和广度，使曾经无用的海洋资源变为有用的资源，或使海洋资源获得新的经济价值，促进新的海洋产业产生；另一方面，科学技术的进步大大拓展了海洋产业布局的空间范围，改变了海洋产业的布局形态。可以说，正是世界海洋高新技术的迅速发展，才引发了新一轮海洋开发热潮，推动了新兴海洋产业的形成和壮大。与科技密切相关的是科技人才，人才是科技创新的主体，海洋人才的培育是海洋科技进步的基础条件，对海洋经济发展具有重要的推动作用。

（四）政策与战略规划

　　经济政策和产业发展规划也是影响海洋经济发展的重要因素。政府制订国家区域海洋产业发展规划，明确海洋经济发展目标和方向，出台海洋经济发展促进政策，会加快海洋经济发展。国家和地方政府差别性的转移支付政策、税收政策、金融政策、土地政策等都会通过影响企业的投资收益率，达到促进或限制海洋经济发展的目的。同时，政府也可以通过直接投资基础设施建设，或对一些重大海洋建设项目进行资金扶持等方式，培育海洋经济发展基础，促进海洋经济发展。

（五）管理体制

　　海洋是自然资源的综合体，各类物质资源、动力资源和空间资源都蕴藏在海洋地理空间中，因此海洋资源开发是一项系统工程，应配置相应的海洋开发管理体制和组织机构。通过建立统一高效的海洋管理体制，有效抑制海洋资源的掠夺式开发，合理规划海洋产业布局，规避区域海洋产业的同构化和低质化倾向，充分发挥海洋的经济效益。

（六）产业基础

　　产业发展具有历史继承性，已形成的社会经济基础对海洋产业布局具有重要影响。这种社会经济基础主要包括区域经济发展水平、海洋产业自身发展基础，以及相关陆域产业发展基础等。那些海洋产业发展已具备一定基础的地区，应是进行再投资时重点考虑的对象。有些地区虽然目前海洋产业发展比较落后，但与海洋产业存在密切关联的陆地产业却发展较好，因此往往也是海洋产业布局的理想区位。通过在当地布局相关海洋产业，与现有陆地产业形成产业链联系，不仅有利于充分利用当地资源，使海洋产业在短期内发展壮大，也可以进一步促进当地陆地产业发展。

（七）地理位置

地理位置包括自然地理位置和经济地理位置两个范畴，对多数地区的海洋产业布局而言，影响最为显著的是该地区的经济地理位置。一个地区的经济地理位置是指其与经济发达地区、重要港口及交通线、大城市和市场等的空间关系。如果一个地区靠近大城市或经济发达地区，拥有大型港口或处于交通主干道、交通枢纽上，通常认为该地区的地理位置比较优越。有利的经济地理位置，往往意味着很好的经济协作条件，利于接受发达地区的产业扩散，有很好的市场需求，能方便地获得信息、原料燃料供应，易于输出和输入等。经济地理位置是决定区域海洋产业分工地位和海洋产业发展重点的重要因素，一些经济发展水平较高的中心城市、区域中心城市或拥有优越经济地理位置的地区会成为安排重点海洋产业项目的首选区位。

第二章　中国海洋经济发展的资源条件

海洋资源是基本的海洋生产力自然要素，它是指在海洋地理区域内，在现在和可以预见的未来，人类可以利用并能够产生经济价值，带给人类福利的物质、能量和空间。海洋资源是发展海洋经济的基本物质条件，离开海洋资源，海洋经济就无从谈起。中国漫长的海岸线和辽阔的海域空间，蕴藏着各类丰富的海洋资源，如海洋空间资源、海洋生物资源、海洋矿产资源、海水资源、海洋可再生能源、港口航道资源、滨海旅游资源等。种类繁多且丰厚的海洋宝藏为中国海洋经济发展提供了源源不断的资源供给，保证了中国海洋经济的持续快速发展。

一、海洋空间资源

中国是世界海洋大国之一，濒临渤海、黄海、东海和南海。中国海岸线漫长，大陆岸线长18000千米，岛屿岸线长14000千米；海域空间辽阔，领海及内水面积约为40万平方千米，毗连区面积为13.04万平方千米；海岸带纵跨热带、亚热带和温带三个气候带；海岛众多，共有海岛11000多个，海岛总面积约占全部陆地面积的0.8%，浙江、福建、广东海岛数量位居前三；沿海有大量海湾，其中10平方千米以上的海湾有160多个，大中河口有10多个；滨海湿地分布较广，总面积约693万公顷（1公顷=10000平方米），其中自然湿地面积669万公顷，人工湿地面积24万公顷，山东、广东两省的滨海湿地面积最大。

二、海洋生物资源

海洋生物资源又被称为海洋渔业资源或海洋水产资源，是人类出于生存需要而最早开发利用的海洋资源。自古以来，海洋生物资源就是人类食物的重要来源，还为人类提供了重要的医药原料和工业原料。持续开发利用海洋生物资源，不仅关系到民生福祉，而且关系到国民经济和社会的长远发展。

中国拥有辽阔的海洋国土，因此成为世界上海洋生物资源最为丰富的国家之一。已经鉴定的鱼、虾、蟹、贝和藻等海洋生物物种达20278种。海洋动物共12500种，其中无脊椎动物9000多种。脊椎动物以鱼类为主，有3000多种。主要经济鱼类有150多种，优势品种有20多种。[1]中国是全球海洋生物多样性最丰富的五个近海海域之一，海洋生物物种约占全球海洋生物物种的10%。[2]

从空间分布来看，中国近海海洋生物资源由南向北逐渐递减。南海生物物种最为丰富，达5613种；东海生物物种次之，有4167种；黄海和渤海生物物种较少，约有1140种。中国海洋生物中可用作药材或具有药用开发价值的物种达1667种。[3]

三、海洋矿产资源

在长期复杂的地质作用下，海洋空间孕育了极为丰富的矿产资源，主要有海洋油气、天然气水合物和滨海砂矿等资源，占海洋面积60%以上的深海（水深2000米以上）海底还蕴藏着锰结核、锰结壳、多金属软泥等矿产资源。随着陆地矿产资源开采规模的扩大和可开采量的减少，海洋矿产资源的重要性日益显现，成为人类社会可持续发展必须依赖的战略物质财富。

中国海域地质构造多样，造就了种类繁多的矿产资源，尤以海洋油气、滨海砂矿和天然气水合物等储量最为丰富。

1. 海洋油气资源

中国海洋石油资源储量为246亿吨，占全国石油资源总储量（1070多亿吨）的23%；海洋天然气资源储量为16万亿立方米，占全国天然气资源总储量的30%。目前中国海洋石油探明量为30亿吨，探明率仅有12.2%；海洋天然气探明量为1.74万亿立方米，探明率仅有11%。[4]从空间分布来看，中国海洋油气资源主要集中在三大区域：海滩和浅海（水深5米至沿海滩涂区域）；近海大陆架上已发现的含油气沉积盆地，包括渤海盆地、南黄海盆地、东海盆地、珠江口盆地、琼东南盆地、莺歌海盆地、北部湾盆地等；深海含油气沉积盆地，包括曾母暗沙—沙巴盆地、巴拉望西北盆地、礼乐太平盆地、中建岛西盆地、管事滩北盆地、万安西盆地和冲绳盆地等。[5]

2. 滨海砂矿

滨海砂矿是由于河流、波浪的作用，重砂矿物碎屑聚集在滨海地带而形成的次生富集矿床。中国滨海砂矿的种类达65种之多，其中具有工业价值的有13种：锆石、锡石、独居石、金红石、钛铁矿、磷钇矿、磁铁矿、铬铁矿、铌钽铁矿、褐钇铌矿、砂金、金刚石和石英矿。[6]中国滨海砂矿多为非金属砂矿，金属矿仅占1.6%。滨海砂矿主要产地包括海南、广东、广西、福建、台湾和山东，福建、广东和海南三省的滨海砂矿储量占全国滨海砂矿总量的90%以上。

3. 天然气水合物

天然气水合物分布于深海沉积物或陆域的永久冻土中，是由天然气与水在高压低温条件下形成的类冰状的结晶物质。因其外观像冰一样而且遇火即可燃烧，所以又被称作"可燃冰""固体瓦斯"或"气冰"。现在世界上已有40多个国家在积极开展对天然气水合物的研究和开发，在100多个国家发现了其存在的实物样品或存在标志，其中海洋78处，永久冻土带38处。自1970年开始，中国就对南海、东海的天然气水合物做了大量的地质调查，在长期调查研究的基础上，将南海北部陆坡、南沙海槽、西沙海槽、东沙群岛以及东海陆坡圈定为天然气水合物远景区，并在南海北部陆坡海域划出6个天然气水合物成矿远景区带，其总面积达14.84万平方千米，预测远景资源量相当于744亿吨油当量。[7]

四、海水资源

海水资源主要由海洋中的水资源、化学元素资源和地下卤水三大类组成。

我国近海海洋综合调查与评价专项（2004—2012年）结果显示，中国沿海地区淡水资源短缺日益严重，近90%的城市存在不同程度的缺水问题，淡水资源已经成为制约中国沿海地区经济社会可持续发展的瓶颈。实现近海海水资源的淡化利用，对于解决中国沿海区域淡水资源紧缺问题和保证沿海区域经济社会可持续发展具有重大意义。

海水中储存着大量的化学元素，它们是从事工农业生产所必需的原材料。据估算，中国近海氯化镁、硫酸镁的储量分别达到4494亿吨、3570亿吨。[8]200米深的深层海水富含镁、钙、铁、铬、锰、铜、锂等90多种矿物质及微量元素，世界发达国家早已开始深层海水化学元素的开发利用，并已创造出巨大价值（表2-1）。中国深层海水资源非常丰富，主要分布在南海和台湾东部海域，开发潜力巨大。

表2-1 1立方千米海水中47种元素的含量

元素	吨/立方千米	元素	吨/立方千米	元素	吨/立方千米
氧	10000000	锌	10	铈	0.0005
钠	10500000	铁	10	钇	0.30
镁	1350000	铝	10	银	0.04
硫	885000	钼	10	镧	0.012
钙	400000	硒	0.4	镉	0.11
钾	380000	锡	0.8	钨	0.10
溴	65000	铜	3.0	锗	0.06
碳	28000	砷	3.0	铬	0.05
锶	8000	铀	3.0	钍	0.05
硼	4600	镍	2.0	钪	0.05
锂	170	钒	2.0	镓	0.04
钕	120	锰	2.0	铋	0.09
磷	70	钛	1.0	铌	0.01
碘	60	锑	0.50	铊	0.01
钡	30	钴	0.10	金	0.004
铟	20	铯	0.50	—	—

五、海洋可再生能源

海洋能主要包括风能、潮汐能、波浪能、温差能、盐差能和海流能等。海洋能最明显的特点是"可再生"，因此被称为"海洋可再生能源"。首先，海洋能来源于太阳辐射能与天体间的万有引力，只要太阳、月球等天体与地球共存，这种能源就会再生，就会取之不尽、用之不竭，不像煤、石油等非再生能源，储量有限，开采一点就少一点。人们可以把这些海洋能以各种手段转换成电能、机械能或其他形式的能，供人类使用。其次，海洋能还具有储量巨大，但单位体积、单位面积、单位长度所拥有的能量较小的特点，因此开发利用难度较大。最后，海洋能属于清洁能源，开发后，其本身对环境影响较小。

随着全球能源危机的出现，以及环境保护和经济持续发展要求的增强，开发利用可再生能源已成为许多国家21世纪能源发展战略的基本选择。目前中国能源供应面临需求规模不断扩大、对外依赖度加大及安全威胁增大的局面，因此迫切需要开辟新的能源供应路径，而开发利用海洋可再生能源是破解中国能源困局的有效途径之一。

中国近海拥有丰富的海洋可再生能源，除台湾省外，近海海洋可再生能源总蕴藏量为15.80亿千瓦，总技术可开发装机容量为6.47亿千瓦。潮流能、温差能的能量密度位于世界前列，潮汐能位于世界中等水平，波浪能有较大的开发价值（表2-2）。

表2-2　中国海洋可再生能源（单位：万千瓦）

类别	蕴藏量	技术可开发装机容量	主要分布区域
潮汐能	19286	2283	东海沿岸
波浪能	1600	1471	台湾、浙江、广东、福建、山东
潮流能	833	166	浙江、台湾、福建、辽宁
温差能	36713	2570	南海
盐差能	11309	1131	长江口及其以南大江河入海口沿岸
海上风能	88300	57034	福建、江苏、山东

六、港口资源

港口资源指具有良好区位优势，能提供良好泊位条件的岸线，特别是深水岸线。港口资源是不可再生的、稀缺的自然资源，我们必须十分珍惜。

中国具备港口建设的有利自然条件。基岩海岸达5000多千米，其中深水岸段400多千米，许多岸段5~10米等深线逼近岸边，适宜建设大中级泊位港口。中国沿海海湾众多，面积大于10平方千米的海湾有160多个；三角洲河口众多，局部有稳定的深水河槽，有利于港口建设；有一定的水深和掩护条件，可建中级以上泊位的港址有164个，其中，可建万吨级泊位的港址40多个，可建10万吨级泊位的港址10多个。

七、滨海旅游资源

中国海岸线绵长，蜿蜒曲折，沿岸线分布有众多海岛，沿海地带从北向南跨越温带、亚热带、热带三个气候带，景观多样，物产丰富，具备"阳光、沙滩、海水、空气、绿色"五大旅游资源基本要素，加上中国历史悠久，滨海人文景观分布密度大，使得滨海旅游资源的多样性、复合性、匹配性都比较突出，开展观光、游览、休疗养、度假、避暑、娱乐和体育运动等游乐活动的条件得天独厚。[9]我国近海海洋综合调查与评价专项（2004—2012年）结果显示，在中国沿海城市范围内，现有滨海旅游资源12413处，潜在滨海旅游资源区343处，其中近期可开发的84处，包括15处生态滨海旅游区、7处休闲渔业滨海旅游区、6处观光滨海旅游区、26处度假滨海旅游区、5处游艇旅游区、2处特种运动滨海旅游区、23处海岛综合旅游区。

八、国际海域资源

公海、极地和国际海底区域蕴藏的丰富的海洋生物资源和海洋矿产资源，是国家主权之外人类共有的财富。公海渔业资源主要集中在西北太平洋、东南太平洋、西北大西洋、东北大西洋和东南大西洋，其中纽芬兰渔场、北海道渔场、秘鲁渔场和北海渔场为全球最著名的四大渔场。在洋中脊的冷泉、热液喷口和极地等极端环境下，生存着嗜碱、嗜冷、耐压、抗毒的深海生物，它们通过化能作用，而非光合作用，利用甲烷或者硫化物作为生长所需的物质和能量的来源。这些生物及其基因在生物学研究、揭示生命的起源与拓展生命的生存空间方面具有重要的学术价值，在新型医药开发、基因疗法、工业应用以及环境保护等方面也具有广泛的应用价值。

全球石油和天然气储量的70%以上集中在海洋。近10年来，全球新发现、探明储量在1亿吨以上的油气田70%都在海洋，其中50%以上在深海区域。据估计，全球天然气水合物资源储量相当于全球煤、石油和天然气资源储量总和的5倍。专家们预计，未来全球油气产量的40%将来自深海区，其中天然气水合物的勘探和开发已引起越来越多国家的重视。国际海底区域矿藏极为丰富，已知具有商业开采价值的矿产资源主要有多金属结核、富钴结壳和多金属硫化物。中国已在太平洋和印度洋申请到四块具有优先专属勘探开发权的矿区，包括东太平洋多金属结核勘探矿区、西南印度洋多金属硫化物勘探矿区、西太平洋富钴结壳勘探矿区以及东太平洋海底多金属结核资源勘探矿区。

中国是一个正处于快速发展轨道的国家，资源能源需求强劲。在遵照《联合国海洋法公约》《区域内多金属硫化物探矿和勘探规章》《南极条约》及《北极条约》等国际法规的基础上，大力开展海洋科学技术创新，推动开发利用公海、极地和国际海底区域资源，积极拓展资源能源来源渠道，对于中国经济社会可持续发展具有重大的战略意义。

九、中国海洋资源分布的地域特征

中国海洋资源分布具有较强的地域性（表2-3）。中国海洋资源的地域组合特征是：渤海及其海岸带主要有水产、盐田、油气、港口及旅游资源，黄海及其海岸带主要有水产、港口、旅游资源，东海及其海岸带主要有水产、油气、港口、滨海砂矿和潮汐能资源，南海及其海岸带主要有水产、油气、港口、旅游、滨海砂矿和海洋热能资源。

表2-3　中国沿海省（自治区、直辖市）主要优势海洋资源

沿海省（直辖市、自治区）	主要优势海洋资源
辽宁	水产、港口、油气、旅游
河北	港口、盐业、滩涂、旅游
天津	港口、旅游、滨海砂矿
山东	港口、水产、旅游、油气
江苏	港口、盐业、滩涂
上海	港口、旅游
浙江	港口、水产、旅游、海洋能源
福建	水产、港口、油气、旅游、海洋能源
广东	水产、港口、油气、旅游
广西壮族自治区	水产、港口
台湾	港口、旅游、水产、油气、海洋能源
海南	油气、旅游、海洋能源、水产、港口

第三章　中国海洋经济发展的科技支撑能力

人们对海洋认知的深入以及海洋资源开发利用手段和工具的不断变革创新，推动了海洋科学与技术的发展。随着海洋开发广度和深度的推进，海洋科学与技术创新发展的步伐不断加速。在21世纪蓬勃兴起的海洋大开发浪潮中，中国海洋科学技术随流勇进，日益进步，为国家海洋资源开发与海洋经济发展提供了有力的支撑。

一、海洋科学与海洋技术

科技大家族由科学与技术构成，与此一致，海洋科技也包括海洋科学和海洋技术两大部分知识体系。随着知识经济时代的到来，海洋科学和海洋技术协同发展趋势日益明显，渐趋融合为一个有机整体，构成了人类知识体系中应用于认知海洋和开发海洋的专门学科门类，人们将其合称为海洋科学技术（简称"海洋科技"）。

（一）海洋科学

从严格意义上来说，海洋科学应包括海洋自然科学和海洋社会科学两部分内容，但一般将海洋科学理解为海洋自然科学。

海洋科学是指研究海洋的自然现象、变化规律及其与大气圈、岩石圈、生物圈的相互作用以及开发、利用、保护海洋有关的知识体[10]。海洋科学的研究内容，既有海水的运动规律，海洋中的物理、化学、生物、地质过程及其相互作用的基础理论，也有海洋资源开发、利用以及有关海洋军事活动所迫切需要的应用研究。这些研究与物理学、化学、生物学、地质学以及大气科学、水文科学等均有密切关系，海洋环境保护和污染监测与治理还涉及环境科学、管理科学和法学等。

海洋中各种自然过程相互作用及反馈的复杂性，人为施加影响的日趋多样性，主要研究方法和手段的相互借鉴、相辅而成的共同性等，使海洋科学发展成为一个综合性很强的科学体系，具体包括物理海洋学、海洋物理学、海洋气象学、海洋生物学、海洋化学、海洋地质学、极地科学、环境海洋学等，其中物理海洋学、海洋化学、海洋地质学以及海洋生物学是海洋科学研究的核心，它们对海洋科学学科体系的拓展和深化具有重要的基础支撑作用。

（二）海洋技术

海洋技术是研究海洋自然现象及其变化规律、开发利用海洋资源和保护海洋环境所使用的各种方法、技能和设备的总称[11]。

依照功能属性，海洋技术体系大致可分为：海洋观测技术、海洋环境预测预报技术、海洋生物技术、海洋矿产资源勘探开发技术、海水资源开发技术、海洋能开发技术、海洋工程技术、海洋环境保护技术、海洋信息技术、海洋水下技术等。

二、中国海洋科技发展现状

长期以来，国家高度重视发展海洋科学技术，不断加大政策支持力度。在广大海洋科技工作者的长期共同努力下，中国海洋科技研究迅速发展，目前已在近海资源和环境基础研究领域以及海洋卫星遥感、海洋渔业、海洋天然产物开发、海洋能源、海洋环境预报等技术领域取得了较大成就，很多领域已处于世界前列，对传统海洋产业改造升级、新兴海洋产业发展和海洋生态环境保护起到了重要的支撑和引领作用。

（一）中国海洋科技研究的基础条件

1949年至今，中国海洋科研机构快速发展，在东部沿海区域根据自然条件特点和区域海洋开发与海洋经济发展需求，建设了众多特色各异的海洋科研机构，基本实现了海洋科研力量的合理空间布局，形成了较完善的海洋科技研发地域分工格局。

到目前，中国已有海洋科研机构180多家，海洋科技活动人员3万多人，主要分布于海洋基础科学、海洋工程技术、海洋信息服务与海洋技术服务四大行业领域。从地域分布看，中国海洋科研机构主要集中于北京、广东、山东、辽宁、浙江、上海、天津七个省（直辖市）；从机构性质来看，既有从事海洋科研的专门机构，如青岛海洋科学与技术国家实验室，中国科学院下属的海洋研究所、南海海洋研究所、烟台海岸带研究所，农业部中国水产科学院下属的黄海水产研究所、东海水产研究所、南海水产研究所，国家海洋局下属的第一、第二、第三研究所，国土资源部下属的青岛海洋地质研究所等，又有科教一体的专门性和综合性海洋科研机构，如中国海洋大学、广东海洋大学、上海海洋大学、大连海洋大学、浙江海洋大学等专门性高校，厦门大学、浙江大学、南京大学、河海大学、山东大学等综合性涉海院校。随着海洋开发热潮的推进，越来越多的国内高校和科研机构开始涉足海洋科研领域，积极向海洋科研阵地进军，大力争取海洋科研领域的话语权和主动权。

改革开放后，中国经济社会进入快速发展时期，国家财政实力不断提升。在海洋重要性日益凸显的背景下，国家对海洋科研的财政资金投入呈递增态势，为中国海洋科研提供了大强度和稳定持久的资金支持，为推动海洋科技创新及其成果产业化创造了良好的条件。

（二）中国海洋科学研究进展

20世纪90年代以来，在科技部设立的国家科技支撑计划、"973"计划和国家自然科学基金委员会设立的重大、重点计划及相关部委的重大科学技术专项的支持和推动下，借助于海洋科学考察船等先进的海洋调查技术装备，中国海洋科学研究进入创新发展的快车道。

在海洋物理学领域，中国从20世纪80年代就开始向深海大洋与极地推进，在近海动力过程方面取得了深入、系统的认识，在大洋环流与气候变化方面取得了一批有影响力的研究成果。

在海洋生物学领域，培育出"黄海1号"中国对虾新品种，培育了"蓬莱红"栉孔扇贝、虾夷扇贝杂交种等新品系，在海洋经济生物功能基因组研究、功能基因分离、克隆与应用方面取得了良好进展。

在海洋地质与地球物理学领域，发现了中国边缘海域典型的似海底反射层（BSR），提供了南海有天然气水合物存在的可靠依据；对冲绳海槽、马里亚纳海沟、东太平洋海隆、大西洋洋中脊等地的热液活动及其硫化物资源状况进行了初步调查和研究，完成了海底热液硫化物"矿点"资源评价编图；通过积极参与国际海底多金属结核区的资源潜力评估和地质模型计划，在结核矿床成矿机制、资源评价等方面，获得了高水平成果；对西太平洋麦哲伦海山区、中太平洋海山开展了富钴结壳资源调查，初步了解了西、中太平洋海山中富钴结壳的分布情况和品位变化特征。

在海洋化学领域，主要进行了海水化学与资源利用研究、海洋生物体化学成分与利用研究、地球海洋化学研究、海洋腐蚀与防腐研究、海水利用研究等，取得一批重要成果。近年来，中国海洋化学学科积极响应，参与国际大型项目和各类合作研究，大力开展河口、东海、南海等近海的生物地球化学调查研究，研究手段和方法逐步与国际接轨，学科整体水平有了很大提高。

（三）中国海洋技术研发进展

1996年海洋技术被列入国家高技术研究发展计划（"863"计划）。此后，海洋环境探测与监测技术、海洋生物资源开发利用技术、海洋油气资源勘探开发技术、深海探测与作业技术等成为国家重点支持发展的海洋技术领域。20多年来，在"863"计划等科技计划的支持下，我国海洋技术创新能力得到较大提升，初步构建起较完善的海洋高技术体系。

1. 海洋环境观测技术

海洋环境观测传感器技术发展迅速。我国自主研制的6000米高精度CTD剖面仪性能达到国际先进水平，投弃式温盐深剖面测量技术、船用宽带多普勒海流剖面测量技术、相控阵海流剖面测量技术、声相关海流剖面测量技术等均实现较大突破。

海洋环境观测平台技术取得了长足发展。我国自主研制的海表面动力环境监测高频地波雷达（OSMAR-S200）达到了国际先进水平，现已实现了业务化运作，用于海边面流、海浪、风场等海表面状态信息的探测。截至2016年3月，中国累计在太平洋和印度洋等海域布放了约350个Argo剖面浮标，目前仍有160多个在海上正常工作，基本建成了我国Argo实时海洋观测网。发射的两颗海洋水色卫星（HY-1A、HY-1B，目前均已停用），为实现对管辖海域水色环境的大面积、实时和动态监测提供了重要平台。发射的第一颗海洋动力环境卫星HY-2A，主要载荷有高度雷达计、微波散射计、扫描及校正微波辐射计、DORIS、双频GPS和激光测距仪，该卫星在提高海洋环境数值预报水平、加强海洋灾害实况监视以及促进气候变化研究中发挥了重要作用。研制的"潜龙一号"及"潜龙二号"，是具有6000米深海探测能力的水下无人航行器，主要任务是开展太平洋底多金属结核勘探。开发的以Sea-Wing和"海燕"为代表的水下滑翔机，海上试验已获得成功，产品化工作也在展开。2016年研制的无人遥控潜水器"海斗号"在首次综合性万米深渊科考中，成功下潜10767米，创造了国内无人潜水器的最大下潜及作业深度纪录，使中国成为继日本、美国两国之后第三个拥有研制万米级无人潜水器能力的国家。2016年，珠海云洲智能科技有限公司开发的云洲M80海洋测量无人艇问世，该艇具有完全自主知识产权，具备更高负载能力以及雷达隐身能力，在敏感水域进行各种水文、气象、水下地貌等调查的能力突出。目前我国共有海洋调查船40多艘，且还有新的调查船在建设中，海上科学研究船舶保障能力不断提升。

立体化海洋观测系统建设在加快推进。在近岸区域，先后建设了台湾海峡及毗邻海域海洋动力环境实时立体监测系统、渤海海洋生态环境海空准实时综合监测示范系统、上海海洋环境立体监测和信息服务示范系统、珠江口海洋生态环境监测示范试验系统。在近海区域，中国科学院在黄海（獐子岛）、东海（舟山）、西沙永兴岛和南沙永暑礁各建了一个长期观测浮（潜）标网，与胶州湾生态系统研究站、大亚湾海洋生物综合试验站、海南热带海洋生物实验站构成了涵盖天空、水面、水体、海底的近海海洋观测研究网络。

近年还启动了海底观测系统建设，国内多家单位开展了海底观测系统接驳盒技术、供电技术和信息传输与控制技术等的研究，建设了一批海底观测示范站点和系统，包括东海海底观测小衢山试验站、摘箬山岛海底观测网络示范系统、海南三亚试验站、海南陵水海底试验观测站，进行了海洋长期观测网络试验节点关键技术等研究。

2. 海洋生物资源开发利用技术

在海洋生物良种培育方面，掌握了大型海藻良种克隆纯培养及保存技术、海藻生物反应器育苗技术以及对虾、牡蛎、扇贝等的多倍体诱导培育技术，培育成功"黄海1号"中国对虾以及新吉富罗非鱼、"蓬莱红"栉孔扇贝等一批优良品种。

在海水养殖病害防治与控制方面，最早在国际上完成了对虾白斑综合症病毒（WSSV）的全基因组序列测定，开发了用于疾病诊断的生物芯片技术，研制的对虾免疫增强剂和微生态制剂明显提高了养殖对虾的存活率，发现了栉孔扇贝急性病毒性坏死症病毒。

在海洋药物方面，建立了海洋生物活性筛选、活性化合物提取分离、化合物结构鉴定、结构优化及活性评价的技术平台和技术体系。由国家海洋局第三海洋研究所和厦门蓝湾科技公司研发的蓝湾高纯度硫酸铵葡萄糖，对于防治骨关节炎具有良好药效，从2006年就已开始产业化、规模化推广。

在海洋生物功能基因方面，已经积累大量海洋生物基因数据，建立了多种海洋动植物基因库，开展了与疾病相关的基因研究，克隆了大量与海洋生物发育、疾病、免疫等相关的功能基因。

在海洋生物制品开发利用方面，海洋生物酶开发的基础研究和技术开发均有突破，已经筛选到多种具有较强特殊生物活性的酶类，克隆获得了一批新颖海洋生物酶基因。水产品加工技术发展较快，攻克了一批海产品精深加工关键技术，如海参精深加工技术、海带高值化综合利用技术、大宗海洋捕捞低值鱼类精深加工技术等。

在滩涂植物开发利用方面，耐海水蔬菜品种选育与栽培技术、耐海水蔬菜深加工技术、耐海水植物新品种筛育及滩涂栽培技术等都取得了较大进展。

3. 海洋油气与矿产资源勘探开发技术

通过引进、消化吸收和再创新，中国海洋油气勘探开发技术水平已有了很大提高，研制出旋转导向钻井工具，开发出垂直钻井技术以及深水铺管船的设计和建造技术，在防砂完井优选、复合射孔应用、全方位储层保护以及智能完井技术等方面取得了较大进展，已掌握了先进的水下生产系统的操作技术。从2007年起，中国深海油气开发装备技术大幅提升，先后建造了30万吨级的浮式储油船（FPSO）、15万吨级的液化天然气船（LNG），2012年成功交付第六代深水半潜式钻井平台"创新者号"，2013年亚洲最大深海油气处理综合平台"荔湾3-1号"气田中心平台上部在南海海域成功实施浮托安装，同年自行设计和建造的JU-2000E自升式钻井平台在上海外高桥码头顺利下水。通过天然气水合物勘探关键技术创新，包括水合物高精度地震、原位及流体地球化学、热流原位、海底电磁、保压取芯等，弥补了天然气水合物探测技术的不足，大洋矿产资源勘察、海底环境探测和成像等技术取得了长足进步，成功研发一批大洋固体矿产资源成矿环境原位、实时、可视探测、保真采样技术及海底异常条件下的探测技术，成功研制多次取芯富钴结壳潜钻、深海彩色数字摄像系统、6000米海底有缆观测与采样系统等重大装备，初步形成大洋矿产资源勘探技术系统和应用能力。中国首台自主设计、自主集成研制的"蛟龙号"作业型深海载人潜水器，设计最大下潜深度为7000米级，也是目前世界上下潜能力最深的作业型载人潜水器。"蛟龙号"可在占世界海洋面积99.8%的广阔海域中使用，对于开发利用深海资源有着重要的意义。

4. 海水淡化与综合利用技术

中国海水淡化技术日趋成熟，低温多效海水淡化实现了产业化，2015年国内首个低温多效蒸馏技术（LT-MED）海水淡化项目在广东湛江钢铁基地正式投产。反渗透海水淡化技术取得了较大进展，反渗透膜与组件的生产已经相当成熟，给水预处理工艺经过多年的摸索，基本可保证膜组件的安全运行，高压泵和能量回收装置的效率也在不断提高。海水循环冷却技术已在海水缓蚀剂、阻垢分散剂、菌藻杀生剂和海水冷却塔等关键技术上取得突破。一些火电厂开始利用海水进行脱硫处理，深圳西部电厂、福建漳州后石电厂、青岛电厂相继建成了海水脱硫装置。大生活用海水突破了排水生态塘处理技术和膜生物反应器处理技术。天然浮石法海水和卤水直接提取钾盐、制盐卤水提取系列镁肥等技术取得进展，气态膜法海水提溴和海水提钾、提镁、提锂等关键技术均取得重要突破。

5. 海洋可再生能源开发利用技术

潮汐电站建设技术已基本成熟，居世界领先地位。20世纪60年代以来，已建成白沙口、江厦等约40座潮汐电站，目前仍有3座在正常运行。

波浪能开发利用技术处于实验研究和工程示范阶段。国内已建设多个波浪能电站并开展了试运行，正朝着低成本、规模化方向发展。2013年，中国科学院广州能源研究所研制的漂浮式波浪能发电装置100千瓦鸭式波浪能装置在指定海域投放成功，目前处于平稳运行状态，并成功发电。

中国海流发电研究始于20世纪70年代末，技术开发基本与国际同步，并已形成了特色产品。2013年，中国装机容量最大的"海能-Ⅲ号"2×300千瓦漂浮式海流能发电站在浙江省舟山市岱山县龟山水道投入运行。

中国科学院广州能源研究所于20世纪80年代中期曾在实验室进行过开放式温差能装置模拟研究。2004—2005年，天津大学开展了混合式海洋温差能利用系统理论研究，并用200W氨饱和蒸汽透平进行了实验研究。2012年，中国推出了第一个实用的千瓦级试验用温差发电装置，实现了海洋温差发电由理论向实际的转换，使中国成为继美国和日本之后，成功实现海洋温差能发电的国家。

中国海洋风电开发利用发展迅猛，到2012年已建设了15个海上风电场，风电总装机容量达到389.6兆瓦，这些风电场主要分布在近海潮间带地区。经过技术引进、消化吸收、联合研发与国外咨询等阶段，风电装备研发正逐步走向自主创新阶段，基本掌握了大型陆上风电机组的设计和制造技术，5.0兆瓦和6.0兆瓦风电机组已投入运行，7兆瓦和10兆瓦风电机组正在研发。目前中国陆地风电场建设技术已成熟并规范化，海上风电场建设则尚处于示范阶段。

6. 船舶设计与制造技术

进入21世纪后，中国造船CAD/CAM软件奋起直追，在掌握了三维建模技术后，开发出了多个以三维建模技术为核心的船舶设计软件产品，船舶制造三维设计系统SB3DS已开始推广应用。随着中国造船工业的发展，一些船用特种钢材，如含稀土耐蚀B级碳素钢、低合金高强度钢和低温钢、低磁钢得到开发并投放市场，满足了不断增长的船舶工业需要。骨干造船企业计算机网络建设初具规模，计算机辅助设计制造与生产管理的软硬件平台初步建立，使中国船舶产品制造能力和水平得到较大的提升，但数字化造船技术水平仍与国际先进水平有较大差距。

三、中国海洋科技与国外的差距

中国海洋科技研发已经取得了长足发展，但与发达国家相比还有较大差距，整体上还处在跟随国际海洋科技发达国家的阶段，不具备引领国际海洋科技发展的能力，还不能满足海洋经济发展、社会进步、海洋权益维护和海防安全的需求。

（一）海洋科学研究仍显薄弱

1. 物理海洋学

研究视野总体较窄，主要局限于近海和河口，没有形成对深海大洋的综合研究能力；海洋调查随机性较强，缺乏周期性调查机制，致使基础数据缺乏连贯性和动态性；海洋基础信息管理系统不完善，数据集成度、信息化及网络化程度低，信息交流渠道不畅。

2. 海洋生物学

与发达国家相比，海洋生物基础调查明显不足，海洋生物基础调查数据无论在强度还是时间频率上都有明显差距；调查海域多局限于近海，大洋及深海生物多样性的研究相对薄弱；研究手段不高，在海洋调查中虽已经使用了一些常规的研究设备，如CTD、ADCP、ADP、LIST等，但缺乏现场长期观测、底边界层观测、恶劣环境观测等方面的设备，研究手段还不完善，而且这些设备自主研发能力差，主要依赖进口。

3. 海洋化学

与发达国家的主要差距有：调查手段落后，分析方法欠严谨，导致缺乏海洋化学研究可利用的高质量、长时间序列调查数据；船基平台落后，船载及走航监测技术不足，致使海洋观测能力薄弱，以致无法测量某些超痕量元素和同位素；研究空间较窄，主要局限于陆架边缘海及河口，对深海大洋和极地介入较少。

4. 海洋地质

海洋地质研究总体水平还较落后，与发达国家比还有较大差距。主要表现在：国际合作参与程度偏低，尽管参与了一些国际研究计划，但参与时间晚，参与程度不高，还处于跟随阶段；自主创新能力差，在海洋地质研究热点领域缺乏原始创新，多数研究属于跟踪研究；研究范围较窄，主要局限于近海，缺乏全球眼光，深海大洋研究步伐过于缓慢。

（二）海洋技术自主创新能力差

1. 海洋环境观测/监测技术

受国内工业基础、工艺条件、配套能力、原材料等条件制约，国产仪器设备的整体性能与国外同类产品存在差距。国产CTD的可靠性、稳定性需要完善，高频地波雷达在探测距离、方位分辨率、抗干扰等方面存在不足，深海潜标系统测量仪器和部件主要依赖进口。一些新的重要海洋有机污染物缺乏相应的检测方法和设备，海水中营养盐和无机污染物监测仪器设备的稳定性和可重复性还要改进完善。缺少海洋动力卫星、数据中继卫星及雷达卫星，仍不具备全天时、全覆盖的全球渔场观测能力。海洋立体观测系统建设刚刚起步，在海洋环境的立体化监测技术、数据同化技术和数值预报技术、计算机数据处理和计算能力等方面存在较大不足，海洋观测能力还不能满足日益增长的需求[12]。

2. 海洋生物资源开发利用技术

中国养殖生物免疫基因研究目前仅达到猜测或初步理解相关功能基因的水平；海水养殖病害疫苗开发滞后，缺少统一的候选疫苗效力评价标准化实验动物模型，缺乏统一的候选疫苗安全性评价标准规程；远洋捕捞主要渔具和设备依赖进口，对作业渔场的信息积累较少；海洋药物先导化合物应用研究基础薄弱，导致新药先导化合物发现概率低。海洋生物的分离、纯化技术与国外有较大差距，设备落后，质量差，速度慢；海洋生物基因的获取手段落后，尤其是深海生物资源的采集技术落后；海洋生物酶应用技术研究滞后，应用领域较窄，颗粒酶、液体酶产品质量和国际标准相差甚远；海水产品加工研究不足，缺乏自主创新技术和装备，科技成果转化率低。

3. 海洋油气与矿产资源勘探开发技术

中国用于海洋油气勘探的技术设备主要依赖进口，国产设备在稳定性、材料、工艺、适用性等方面存在不少问题，具有自主产权的实用数据处理软件开发力度不足；尚不具备深水钻井装备成套设计能力，缺乏深水平台主要关键装备设计制造能力。数控成像测井系统ELIS在电缆数据传输率等方面存在不足，随钻测井仪器研制刚刚起步，测井资料的解释和应用与国外差距较大。先进完井工具的开发与集成能力不强，智能完井技术还处于起步阶段；服务于天然气水合物勘探的高精度地震、旁侧声呐微地貌探测、水合物钻探船、保压取芯、深海遥控潜水器（ROV）、海底原位探测等的主要技术装备尚属空白；大洋矿产资源勘探已有技术成果还没有形成产品系列，不能满足勘探需求。

4. 海水淡化与综合利用技术

低温多效技术核心部件、材料、水电联产等基础研究不足，装备验证条件和环境不能满足技术发展要求，缺乏大规模海水淡化装置设计、加工制造、安装调试及运行维护的工程实践；反渗透膜组件、高压泵、能量回收及水处理药剂等关键部件和材料仍以进口为主，缺乏大规模反渗透海水淡化成套工程技术和工程实践，迫切需要形成高压泵、能量回收、膜组件等关键配件的自主技术和批量生产，通过规模示范形成成套技术，以应对国外公司对国内市场的垄断。

5. 海洋可再生能源开发利用技术

海洋温差能开发技术处于探索研究阶段，成果均为实验样机或试验系统；波浪能开发规模远小于挪威和英国，甚至落后于印度，小型波浪发电距实用化尚有一定的距离；潮流能开发利用尚处于样机试验阶段，发电装置单机装机容量较小；风电技术与人才储备明显不足，还没有掌握独立自主的风力发电设备设计和制造技术，风机生产主要依赖生产许可证等技术转让或依赖进口。

6. 船舶设计与制造技术

中国船舶科技基础比较薄弱，新产品开发、储备不足，特别对高新技术船舶，缺乏独立自主开发的能力；设计手段落后、周期长是影响中国造船竞争力的主要因素。同时，由于企业投入相对不足，技术装备现代化水平不高，船舶制造技术总体上还处于较低水平。中国船用配套设备滞后也制约了船舶工业发展。

第四章　中国海洋经济发展的政策法规环境

政策法规是海洋经济发展的重要保障，建立完善高效的政策法规体系，可为海洋经济发展保驾护航，激发海洋经济发展活力，为海洋经济发展提供动力。长期以来中国海洋经济能够实现快速发展，与国家和地方出台的一系列政策法规的支持密不可分。

一、海洋经济发展相关法律法规

改革开放后，中国海洋立法迅速发展，目前仅国家一级的涉海法律法规就多达百部，而在地方一级数量更为繁多，不同层次的涉海法律法规为海洋经济发展提供了必不可少的制度保障。中国海洋立法范围很广，内容丰富，涉及海洋权益、海洋资源、海洋环境、港口与海上交通安全及海岛保护等诸多方面，具体可分为基本海洋法律制度和管理海洋具体事务的法律制度两部分[13]。

基本海洋法律制度是指确立领海、毗连区、专属经济区、大陆架等不同海域法律地位的制度，包括《中华人民共和国领海及毗连区法》《关于中华人民共和国领海基线的声明》《中华人民共和国专属经济区和大陆架法》《中华人民共和国政府关于钓鱼岛及其附属岛屿领海基线的声明》。这些基本海洋法律制度为维护中国领土主权和海洋权益奠定了现实基础，也为中国海洋经济的可持续发展提供了空间安全保障。

根据海洋开发利用活动的不同，管理海洋具体事务的法律制度可分为海域使用管理法律制度、海洋环境保护法律制度、海洋资源开发法律制度、海洋科学研究法律制度、海上交通安全法律制度等（表4-1）。

表4-1　中国海洋事务管理法规

类别	相关制度
海域使用管理	《中华人民共和国海域使用管理法》
	《海域使用权登记办法》
	《海域使用权管理规定》

（续表）

海域使用管理	《海域使用金减免管理办法》
	《中华人民共和国物权法》
海洋环境保护	《中华人民共和国海洋环境保护法》
	《中华人民共和国船舶及其有关作业活动污染海洋环境防治管理规定》
	《中华人民共和国船舶污染海洋环境应急防备和应急处置管理规定》
	《中华人民共和国海上船舶污染事故调查处理规定》
	《海洋观测预报管理条例》
	《领海基点保护范围选划与保护办法》
海洋资源开发	《中华人民共和国矿产资源法》
	《中华人民共和国对外合作开采海洋石油资源条例》
	《中华人民共和国渔业法》
	《食盐专营办法》
	《中华人民共和国可再生能源法》
	《中华人民共和国循环经济促进法》
	《港口岸线使用审批管理办法》
海洋科研	《中华人民共和国涉外海洋科学研究管理规定》
海上交通安全	《中华人民共和国海上交通安全法》
	《中华人民共和国水上水下活动通航安全管理规定》
	《渔业船舶水上安全事故报告和调查处理规定》
	《中华人民共和国渔业船舶登记办法》
海岛开发保护	《中华人民共和国海岛保护法》
海底文物保护	《中华人民共和国文物保护法》
	《中华人民共和国水下文物保护管理条例》

二、海洋经济发展政策

20世纪末至21世纪初期，中国相继出台了促进海洋资源开发、发展海洋经济的相关战略规划，如《中国海洋21世纪议程》（1996）、《全国海洋经济发展规划纲要》（2003）、《国家海洋事业发展规划纲要》（2008），这三个规划是21世纪头10年中国实施的涉及海洋经济发展的主要规划，集中体现了国家在促进海洋经济发展问题上的战略指向以及政策措施。

在进入"十二五"（2011—2015年）前后，随着海洋战略地位的进一步提升、海洋资源需求的扩大、海洋科技创新需求的增强及海洋权益争端的增多，中国面临的内外部海洋环境发生了急剧变化。基于此，中国制定和实施了一系列新的涉海政策和战略规划，对面临的形势和环境做出了全面科学的判断，对发展的目标和任务做出了新的部署，提出了更可行的政策措施，以推动海洋可持续发展。

2008年发布的《全国科技兴海规划纲要（2008—2015年）》，提出到2015年全国科技兴海的发展目标，明确了重点任务。2011年出台的《国家"十二五"海洋科学和技术发展规划纲要》，提出要大力提升海洋科技自主创新能力、努力拓展海洋发展空间。海洋科技由此从"十一五"时期的支撑海洋经济和海洋事业发展为主，转向引领和支撑海洋经济和海洋事业科学发展。2011年，交通运输部颁布《交通运输"十二五"发展规划》，对港口、海运物流发展提出了要求，并进行了前瞻性布局。2011年农业部推出《全国渔业发展第十二个五年规划（2011—2015年）》，提出：坚持以安为先、以养为主，在提高传统产业发展水平的同时，努力拓展增殖渔业和休闲渔业等新兴产业，着力构建水产养殖业、增殖渔业、捕捞业、加工业和休闲渔业五大产业体系，着力构建设施装备、科技创新、资源环保、渔业安全和渔政管理五大支撑体系。

中国高度重视发展战略性海洋新兴产业，将其作为"十二五"时期进行海洋产业结构调整、壮大海洋经济规模、提升海洋经济发展内涵的根本举措，出台了一系列的政策法规措施予以扶持。2010年发布的《国务院关于加快培育和发展战略性新兴产业的决定》，将海水综合利用、海洋生物、海洋工程装备等海洋产业列为重点发展的战略性新兴产业领域。2011年国家发展改革委等联合出台的《海洋工程装备产业创新发展战略（2011—2020年）》提出了海洋工程装备产业到2015年、2020年的发展目标，确定了主力海洋工程装备、新型海洋工程装备、前瞻性海洋工程装备、关键配套设备和系统、关键共性技术五大战略重点，对海洋工程装备企业实施有针对性的金融服务和税收优惠，以减缓企业研发投入和资金占用压力，大力促进其快速健康发展。2012年国务院出台《"十二五"国家战略性新兴产业发展规划》，对海水综合利用、海洋生物、海洋工程装备等战略性海洋新兴产业的发展又进行了重点部署。为应对国际竞争，抓住海洋资源开发装备需求增加的机遇，2012年工信部、发改委、科技部、国资委和国家海洋局联合制定《海洋工程装备制造业中长期发展规划》，提出了六项措施以保障海洋工程装备制造业的快速发展，即积极培育装备市场、规范和引导社会投入、完善财税和金融支持、加大科研开发支持力度、推动产业联盟的建立、加强人才队伍建设。2012年发布的《国务院办公厅关于加快发展海水淡化产业的意见》，提出到2015年建立较为完善的海水淡化产业链，关键技术、装备、材料研发和制造能力达到国际先进水平，随后出台了《海水淡化科技发展"十二五"专项规划》和《海水淡化产业发展"十二五"规划》。2012年国家能源局发布《可再生能源发展"十二五"规划》，提出："要积极稳妥推进海上风电开发建设；加快推进海洋能技术进步，积极开展海洋能利用示范工程建设，促进海洋能利用技术进步和装备产业体系完善。"

为合理开发海洋资源，促进海洋经济持续发展，2012年国务院出台《全国海洋经济发展"十二五"规划》，提出"十二五"期间，包括海洋工程装备制造业、海洋药物和生物制品业、海洋可再生能源业、海水利用业等在内的海洋新兴产业增加值，要较"十一五"期间翻一番。为以点带面地推动中国海洋经济的整体发展，2012年财政部、国家海洋局联合发布《关于推进海洋经济创新发展区域示范的通知》，支持山东、广东、浙江等示范地区开展海洋经济创新发展区域示范，明确提出以海洋生物等战略性新兴产业为重点，通过给予专项资金支持，促进海洋生物创新医药、新型海洋生物制品和材料及相关中药研发等的发展。2013年出台的《国务院关于促进海洋渔业持续健康发展的若干意见》，明确了今后一段时期的主要任务，包括加强海洋生态环境保护、调整生产结构和布局、提高设施装备水平和组织化程度、改善渔民民生、加强渔政执法维权和涉外渔业管理。

海洋事关国家安全和长远发展，世界主要海洋国家将海洋权益视为核心利益所在，积极推行新一轮海洋经济政策和战略调整。中国作为世界第二大经济体，已发展出高度依赖海洋的外向型经济，对海洋资源、空间的依赖程度大幅提高。基于此，2012年党的"十八大"报告明确提出了"提高海洋资源开发能力，发展海洋经济，保护海洋生态环境，坚决维护国家海洋权益，建设海洋强国"的宏伟目标，为中国海洋事业和海洋经济发展指明了方向。2013年7月30日，中共中央政治局就建设海洋强国进行第八次集体学习，习近平总书记强调："建设海洋强国是中国特色社会主义事业的重要组成部分，实施这一重大部署，对推动经济持续健康发展，对维护国家主权、安全、发展利益，对实现全面建成小康社会目标、进而实现中华民族伟大复兴都具有重大而深远的意义，要进一步关心海洋、认识海洋、经略海洋，推动我国海洋强国建设不断取得新成就。"

"十三五"（2016—2020年）开局前后，中央和地方出台了多个海洋或涉海科技创新、经济社会发展战略规划，对海洋经济发展做出了一系列新的部署。

2015年5月发布的《中国制造2025》提出要"大力发展深海探测、资源开发利用、海上作业保障装备及其关键系统和专用设备。推动深海空间站、大型浮式结构物的开发和工程化。形成海洋工程装备综合试验、检测与鉴定能力，提高海洋开发利用水平。突破豪华邮轮设计建造技术，全面提升液化天然气船等高技术船舶国际竞争力，掌握重点配套设备集成化、智能化、模块化设计制造核心技术"。

2016年3月发布的《中华人民共和国国民经济和社会发展第十三个五年规划纲要》明确提出"优化海洋产业结构，发展远洋渔业，推动海水淡化规模化应用，扶持海洋生物医药、海洋装备制造等产业发展，加快发展海洋服务业。发展海洋科学技术，重点在深水、绿色、安全的海洋高技术领域取得突破。推进智慧海洋工程建设。创新海域海岛资源市场化配置方式。深入推进山东、浙江、广东、福建、天津等全国海洋经济发展试点区建设，支持海南利用南海资源优势发展特色海洋经济，建设青岛蓝谷等海洋经济发展示范区"。

2016年5月出台的《国家创新驱动发展战略纲要》提出"发展海洋和空间先进适用技术，培育海洋经济和空间经济"的战略任务，指出要"开发海洋资源高效可持续利用适用技术，加快发展海洋工程装备，构建立体同步的海洋观测体系，推进我国海洋战略实施和蓝色经济发展"。

2016年8月，依据《中华人民共和国国民经济和社会发展第十三个五年规划纲要》和《国家创新驱动发展战略纲要》出台的《"十三五"国家科技创新规划》，对海洋科技创新与海洋经济发展进行了细化部署，主要内容为：按照建设海洋强国和"21世纪海上丝绸之路"的总体部署和要求，坚持以强化近海、拓展远海、探查深海、引领发展为原则，重点发展维护海洋主权和权益、开发海洋资源、保障海上安全、保护海洋环境的重大关键技术。开展全球海洋变化、深渊海洋科学等基础科学研究，突破深海运载作业、海洋环境监测、海洋油气资源开发、海洋生物资源开发、海水淡化与综合利用、海洋能开发利用、海上核动力平台等关键核心技术，强化海洋标准研制，集成开发海洋生态保护、防灾减灾、航运保障等应用系统。通过创新链设计和一体化组织实施，为深入认知海洋、合理开发海洋、科学管理海洋提供有力的科技支撑。加强海洋科技创新平台建设，培育一批自主海洋仪器设备企业和知名品牌，显著提升海洋产业和沿海经济可持续发展能力。

2016年11月发布的《"十三五"国家战略性新兴产业发展规划》提出要"增强海洋工程装备国际竞争力。推动海洋工程装备向深远海、极地海域发展和多元化发展，实现主力装备结构升级，突破重点新型装备，提升设计能力和配套系统水平，形成覆盖科研开发、总装建造、设备供应、技术服务的完整产业体系"。该规划还明确要求"发展新一代深海远海极地技术装备及系统。建立深海区域研究基地，发展海洋遥感与导航、水声探测、深海传感器、无人和载人深潜、深海空间站、深海观测系统、'空—海—底'一体化通信定位、新型海洋观测卫星等关键技术和装备。大力研发深远海油气矿产资源、可再生能源、生物资源等资源开发利用装备和系统，研究发展海上大型浮式结构物，支持海洋资源利用关键技术研发和产业化应用，培育海洋经济新增长点。大力研发极地资源开发利用装备和系统，发展极地机器人、核动力破冰船等装备"。

三、海洋环境保护政策

中国海岸和海洋资源长期处于无序过度开发状态，生态环境威胁日趋加大，沿海区域经济社会发展面临严峻的资源环境约束。进入21世纪后，建设可持续的海洋生态环境成为国际海洋开发的基本主题。顺应新时代海洋开发潮流，中国加强了海洋生态环境保护政策的制定和实施，为改变中国海洋生态环境面临的恶化局面提供了重要的政策支持。

针对中国渤海生态环境恶化趋势加速的局面，2012年国家海洋局印发《关于建立渤海海洋生态红线制度的若干意见》，对渤海推出了最为严格的环境保护政策。所谓海洋生态红线制度是指为维护海洋生态健康与生态安全，将重要海洋生态功能区、生态敏感区和生态脆弱区划定为重点管控区域并实施严格分类管控的制度安排。《关于建立渤海海洋生态红线制度的若干意见》提出，要将渤海海洋保护区、重要滨海湿地、重要河口、特殊保护海岛和沙源保护海域、重要砂质岸线、自然景观与文化历史遗迹、重要旅游区和重要渔业海域等区域划定为海洋生态红线区，并进一步细分为禁止开发区和限制开发区，依据生态特点和管理需求，分区分类制定红线管控措施。

中国生态文明建设严重滞后于经济社会发展，资源约束趋紧，环境污染严重，生态系统退化，发展与人口资源环境之间的矛盾日益突出，已成为经济社会可持续发展的重大瓶颈。党的十八大将生态文明建设纳入中国特色社会主义事业的总体布局，要求尊重自然、顺应自然、保护自然。海洋生态文明是中国生态文明建设的重要组成部分，为推进海洋生态文明建设，2012年国家海洋局专门出台《关于开展"海洋生态文明示范区"建设工作的意见》，提出了建设海洋生态文明示范区的四项主要任务：优化沿海地区产业结构，转变发展方式；加强污染物入海排放管控，改善海洋环境质量；强化海洋生态保护与建设，维护海洋生态安全；培育海洋生态文明意识，树立海洋生态文明理念。2015年中共中央、国务院出台了《中共中央　国务院关于加快推进生态文明建设的意见》，专门提出"加强海洋资源科学开发和生态环境保护"，针对编制海洋功能区划、调整经济结构和产业布局、控制陆源污染和港口污染、控制海水养殖和围填海、实施海洋生态修复等提出了要求。

陆源污染物排海是导致海洋污染的主要原因之一，中国约85%的海洋污染物来自陆地。为控制陆源污染物，特别是流域污水排海，建设洁净海洋，2012年环保部、国家发改委、财政部和水利部联合发布《重点流域水污染防治规划（2011—2015年）》，提出要统筹协调流域水污染防治与近岸海域环境保护的关系，充分考虑近岸海域环境容量要求，加强氮、磷等陆源污染物控制力度，不断降低入海河流的污染负荷，推进流域与近岸海域整体水环境质量持续改善。

着眼于保护和改善海洋环境，降低海洋灾害危害，保证海洋经济安全，中国还出台政策积极强化海洋公益服务能力建设，努力提高海洋公益服务质量。2012年实施的《海洋观测预报管理条例》，就海洋观测网的统一规划与建设、海洋观测站（点）和观测环境的保护、海洋观测资料汇集和共享、海洋预报警报信息发布等做了规定。国家海洋局于2012年编制的《全国海洋环境监测与评价业务体系"十二五"发展规划纲要》提出，"到2015年，基本形成科学的海洋环境监测与评价体系，各级海洋环境监测机构能力得到进一步提升，人才队伍建设优质发展，监测领域进一步拓展，为我国海洋环境保护、环境风险防范、社会民生利益和沿海经济发展提供强有力的服务和保障"。2015年，为进一步提高海洋灾害应对工作的科学性和可操作性，国家海洋局根据近年来取得的应急工作实际经验，对2012年出台的《风暴潮、海浪、海啸和海冰灾害应急预案》进行了修订，明确了海洋灾害应急工作原则、组织体系和职责以及灾害预警启动标准。

四、其他与海洋经济发展相关的战略与政策法规

受2008年国际金融危机的影响，近年来国内外市场需求不振，导致中国资本和劳力密集行业产能严重过剩，同时资源和环境约束也在不断强化，促使中国经济发展进入新常态。为有效应对国内外经济发展形势的深刻变革，中国推出了"一带一路"倡议和"创新驱动""中国制造2025"等国家战略及一系列政策法规。

（一）国家战略

"一带一路"倡议和"创新驱动"及"中国制造2025"等国家战略，是中国基于当前和今后较长时期国内外经济社会发展态势，进行总体科学判断而提出的拓展发展空间、实现内涵式发展以及培育国际竞争优势的重大举措。

当前中国经济发展步入新常态，基本表现为增速换挡、结构转型、动力转换三期叠加。为保持国内经济中高速增长，克服下行压力，推动国内产能、技术和资金与相关国家经济社会发展需求的深度对接，打造命运共同体，实现共赢发展，中国推出"丝绸之路经济带"和"21世纪海上丝绸之路"倡议（简称"一带一路"）。"一带一路"沿线大多是新兴经济体和发展中国家，总人口约44亿，经济总量约21万亿美元，分别约占全球的63%和29%。这些国家普遍处于经济发展的上升期，开展互利合作的前景广阔。"一带一路"不仅是实现中华民族振兴的战略构想，更是沿线各国的共同事业。遵循和平合作、开放包容、互学互鉴、互利共赢的丝路精神，中国与沿线各国在交通基础设施、贸易与投资、能源合作、区域一体化、人民币国际化等领域，必将迎来一个共创共享的新时代。

中国长期以来依靠要素成本优势所驱动、大量投入资源和消耗环境的经济发展方式已经难以为继。2012年底召开的党的十八大明确提出："科技创新是提高社会生产力和综合国力的战略支撑，必须摆在国家发展全局的核心位置。"强调要坚持走中国特色自主创新道路、实施创新驱动发展战略。2015年3月出台的《中共中央　国务院关于深化体制机制改革加快实施创新驱动发

展战略的若干意见》，明确了实施创新驱动发展战略的总体思路。其主要内容包括：营造激励创新的公平竞争环境；建立技术创新市场导向机制；强化金融创新的功能，完善成果转化激励政策；构建更加高效的科研体系；创新培养、用好和吸引人才机制；推动形成深度融合的开放创新局面；加强创新政策统筹协调。

为顺应21世纪以来新一轮科技革命和产业变革在全球范围内孕育兴起的大势，2015年3月5日，李克强总理在十二届全国人大三次会议政府工作报告中提出实施"中国制造2025"战略。5月8日，国务院正式发布《中国制造2025》，明确提出要立足国情、立足现实，力争通过"三步走"实现制造强国的战略目标：第一步是力争用十年时间，迈入制造强国行列；第二步是到2035年，我国制造业整体达到世界制造强国阵营中等水平；第三步是中华人民共和国成立一百年时，制造业大国地位更加巩固，综合实力进入世界制造强国前列。

（二）国家政策法规

针对中国经济发展面临的新形势，近几年来，围绕"优化市场环境、转变发展方式、深化科技与经济结合、促进产业提质增效、推动产业转型升级"，中国政府密集出台了一系列政策法规，为实现经济社会的长远健康发展打造了良好的政策法规环境，为海洋经济发展提供了有力的政策法规保障。主要政策法规如下（表4-2）：

表4-2　中国近年出台的主要政策法规（以成文时间为序）

序号	名称	出台时间
1	《国务院办公厅关于强化企业技术创新主体地位　全面提升企业创新能力的意见》	2013.2
2	《国务院关于进一步优化企业兼并重组市场环境的意见》	2014.3
3	《国务院关于促进市场公平竞争维护市场正常秩序的若干意见》	2014.6
4	《能源发展战略行动计划（2014—2020年）》	2014.6
5	《国务院关于扶持小型微型企业健康发展的意见》	2014.10
6	《国务院关于创新重点领域投融资机制鼓励社会投资的指导意见》	2014.11
7	《关于深化中央财政科技计划（专项、基金等）管理改革的方案》	2014.12
8	《国务院关于国家重大科研基础设施和大型科研仪器向社会开放的意见》	2014.12

（续表）

序号	名称	出台时间
9	《国务院关于促进服务外包产业加快发展的意见》	2014.12
10	《深入实施国家知识产权战略行动计划（2014—2020年）》	2014.12
11	《中华人民共和国政府采购法实施条例》	2015.1
12	《国务院关于加快培育外贸竞争新优势的若干意见》	2015.2
13	《中共中央 国务院关于深化体制机制改革加快实施创新驱动发展战略的若干意见》	2015.3
14	《国务院办公厅关于发展众创空间推进大众创新创业的指导意见》	2015.3
15	《中共中央 国务院关于加快推进生态文明建设的意见》	2015.5
16	《关于2015年深化经济体制改革重点工作的意见》	2015.5
17	《国务院关于推进国际产能和装备制造合作的指导意见》	2015.5
18	《国务院关于取消非行政许可审批事项的决定》	2015.5
19	《国务院办公厅关于深化高等学校创新创业教育改革的实施意见》	2015.5

第五章　中国海洋经济发展现状

中华人民共和国成立后，随着国内政局的逐步稳定，国民经济和人民生产生活步入有序发展的轨道，海洋经济得到恢复性增长。而在改革开放以后，人口规模的增长、改善人民生活质量诉求的增强以及政策红利的刺激，极大地推动了以海洋渔业、海洋油气业等为代表的海洋经济的快速发展。时至今日，海洋经济已成为中国国民经济体系中日益重要的战略领域，海洋经济对国民经济的贡献度呈不断提升的态势。发展海洋科学技术，合理开发海洋资源，保护海洋生态环境，实现海洋经济可持续发展，建设海洋强国已成为全社会共识。

一、总体发展情况

中国海洋经济的发展状况，主要表现在海洋科技与政策支持力度、海洋资源开发广度和深度、海洋经济规模、海洋经济在国民经济中的比重以及海洋产业结构变动态势等方面。下面分别进行概括性分析。

（一）海洋科技与政策支持力度

海洋经济作为古老的且在现代社会得到蓬勃发展的经济领域，其发展进程与海洋科学技术、国家经济政策的合力支持密不可分。从古代至近代，受制于海洋科技水平，人们从事海洋开发的空间范围较小，海洋资源开发利用的种类少，海洋产业仅限于海洋渔业、海上交通运输、海洋盐业等部门，从业人员数量少，生产作业方式简单粗放，海洋经济规模有限，在国民经济中占比很小甚至微不足道。

进入现代社会后，在发端于西方的技术革命和工业革命所产生的先进成果的带动下，海洋经济生产组织形式发生了颠覆性变革。海洋科学研究的进步，使人们对海洋有了更全面和更深层次的认知，为深度开发海洋提供了良好的科学基础；海洋技术的创新，为人们拓展海洋资源开发利用种类和规模带来了新的生产工具。在国家政策的支持下，新的生产组织方式、新的生产工具和技术手段开始在海洋经济领域得到广泛应用，由此拓展了海洋资源开发的广度、深度和力度，海洋经济开始步入快速发展轨道，成为沿海国家国民经济的新增长点。

从中国情况来看，正是因为海洋科学技术进步和国家海洋政策的合力推进，才形成了中国海洋经济蓬勃发展的良好局面。改革开放至今，围绕发展生产、改善人民生活质量、推动沿海区域经济社会进步，中国出台了一系列激励性政策措施，涉及海洋渔业、海洋运输、海洋贸易、海洋矿产资源开发、海洋生态环境保护以及海洋科技创新等诸多领域。在政策的推动下，中国海洋产业和海洋科技并进发展。海洋科技新成果不断涌现，在海洋捕捞技术、海水养殖技术、海洋信息技术、船舶制造技术、海洋油气勘探开发技术、海洋生物制品与医药开发技术等方面都取得了长足进步，在海洋产业升级换代中发挥了引领和支撑作用。随着海洋政策、海洋科技和海洋经济融合程度的不断增强，海洋经济规模日益扩大，海洋产业结构逐步优化，海洋经济地位加快提升。

可以预见，目前中国出台的众多涉海政策，以及正处于加速创新发展期的海洋科学技术，将为中国海洋经济的持续发展提供更优越的政策利好与高水平的科技支撑。

（二）海洋资源开发广度和深度

海洋资源开发的广度和深度，主要取决于国家海洋政策和海洋科学技术水平。中国是一个海洋资源种类多样、海洋资源总体丰度较高的海洋大国之一，具备发展海洋经济的优良资源条件。但在改革开放之前，中国海洋经济发展主要局限于海洋渔业、船舶制造、海上运输、海洋盐业等传统领域，这与海洋科技水平较低有直接关系，也与国家政策支持力度不足紧密相关。改革开放后，以经济建设为中心的国家大政方针得以确立，海洋资源开发与海洋科技迎来了加速发展的大好时机。在海洋生物技术、海洋油气勘探开发技术、海水资源开发技术、海洋可再生能源技术等进步的推动下，中国海洋资源开发利用的广度和深度以前所未有的速度向前推进。

在海洋生物资源领域，近海渔业资源得到充分的开发，近海空间因海水养殖业的兴起而得到较充分的利用，远洋渔业发展迅速，深远海生物资源开发力度不断加大。通过开发海洋植物资源，海洋植物食品保健品业、海洋植物饲料加工业、海洋环境修复业都得到较快发展；随着海洋生物技术的突破，海洋生物资源高值化利用呈现出巨大的发展潜力，海洋生物新材料、海洋生物制药等成为海洋生物资源开发利用的战略方向。

在海洋矿产资源领域，基于中国海区特点的油气勘探开发高新技术的逐步完善，使得中国海洋油气资源开发迎来高速发展时期。中国滨海砂矿资源开发产量逐年增加，且随着技术的进步，正在由粗放开发向集约化、科技化、综合化、生态化开发转变。中国南海和东海天然气水合物的勘探研究正在稳步推进，预计不久的将来，将成为国民经济发展可依赖的重要能源来源。而在政策与科技进步的推动下，中国开发利用深海多金属矿产资源也将为期不远。

在海水资源领域，海水经淡化已应用于工业、农业、家庭等生活生产领域，海水直接利用也已经广泛应用于沿海电力、石化等高耗水行业。海水化学资源利用的主要产品有氯化钾、工业溴、无水硫酸钠、氯化镁，直接提取钾、溴、镁等技术方面已突破万吨级，海水提取硝酸钾关键技术和百吨级海水提溴、提镁中试技术进入了较大规模工程示范阶段，产业化生产阶段即将到来。

在海洋可再生能源领域，2007年发布的《可再生能源中长期发展规划》确立了中国可再生能源发展的战略目标：今后一个时期，中国可再生能源发展的重点是水能、生物质能、风能和太阳能，并积极推进地热能和海洋能的开发利用。规划2020年前投资达2万亿元用于发展新能源，海洋新能源的开发利用将迎来崭新的发展契机。

在滨海旅游资源领域，滨海旅游资源基本得到充分开发，滨海风光游长足发展，邮轮游艇、休闲渔业、海洋文化旅游等一批新型滨海旅游新业态正在蓬勃兴起，发展潜力巨大，成为滨海旅游经济发展的新亮点。

在海洋空间资源领域，在多年来出口导向型经济的推动下，中国港口和海上交通运输体系建设日新月异。2016年全球十大港口货物吞吐量统计排名显示，除第三名、第九名和第十名外，其余名次被中国港口包揽。排名顺序依次为：宁波—舟山港、上海港、新加坡港、苏州港、天津港、广州港、唐山港、青岛港、黑德兰港、鹿特丹港。海上桥梁、海底隧道建设也在加快，青岛海湾大桥、杭州湾跨海大桥、舟山跨海大桥、平潭海峡大桥、厦漳跨海大桥、南澳跨海大桥、港珠澳大桥、青岛胶州湾海底隧道、崇明长江隧道、厦门翔安海底隧道等一批跨海桥梁和海底隧道相继建成。重大海洋基础设施的不断完善，加快了生产要素流动与区域经济融合，促进和支撑了沿海地区经济发展。

（三）海洋经济规模

长期以来，受政策利好、科技进步和社会需求规模扩大等多因素的影响，中国海洋经济呈持续增长态势，且高于或持平同期国民经济增速。即使在2008年遭遇国际金融危机，国民经济增长乏力的情况下，海洋经济仍继续保持良好的发展势头。"十一五"期间，中国海洋经济年均增速13.5%，持续高于同期国民经济增速，海洋经济已经成为拉动国民经济发展的有力引擎。2010年，全国海洋生产总值近4万亿元，比"十五"期末翻了一番多。[14]2011—2016年，我国海洋经济继续保持高速增长，年均增速为7.7%。2016年全国海洋生产总值达70507亿元，海洋产业增加值达43283亿元（图5-1）。[15]

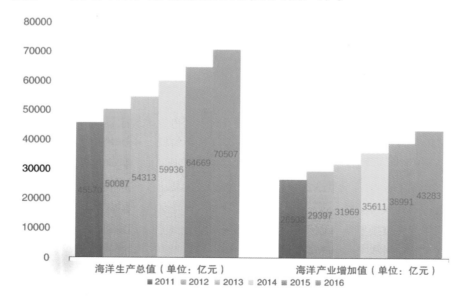

图5-1　2011—2016年中国海洋生产总值及增加值变化

（四）海洋经济在国民经济中的比重

随着海洋经济规模的不断扩大，海洋经济在我国国民经济中的地位不断提升。"九五"期间，海洋产业产值占国民经济的比重基本上一直保持在4%以上的水平（1996年较低，为1.9%）；"十五"期间中国海洋经济继续发展，海洋产业产值占国内生产总值的比重达到9.1%。"十一五"期间，海洋经济增势不减，海洋产业产值占国内生产总值比重为9.9%，较"十五"期末提高了0.8个百分点。[16]受海洋经济规模基数扩大、国际市场需求下降和国内经济新常态等因素影响，2011—2016年期间，海洋产业产值占国内生产总值比重比"十一五"期间略有下降，平均为9.55%（图5-2）。

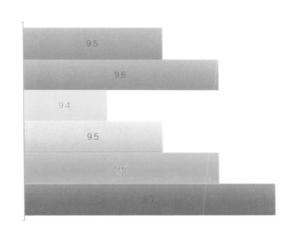

图5-2 2011—2016年中国海洋生产总值占国民生产总值的比重

（五）海洋产业结构变动态势

海洋产业结构是指海洋产业各类、各行业及其内部组成之间的相互联系和比例关系。从中国海洋经济发展进程来看，海洋产业结构呈渐趋优化态势。"九五"末期海洋第一产业、第二产业、第三产业的三次产业结构为50:17:33，"十五"末期海洋三次产业结构为17:31:52，"十一五"末期海洋三次产业结构为5:47:48，2014年海洋三次产业结构为5:45:50。在过去的20年中，海洋第一产业比重不断下降，第二产业随工业化进程而发展加快，第三产业保持高速增长并逐步占据主导地位。2011—2016年，受国际市场需求不振、国际贸易萎缩的影响，海洋船舶工业、海洋交通运输业总体表现低迷，增长乏力；海洋渔业、海洋油气、滨海旅游、海洋生物医药、海水利用、海洋化工业及海洋电力业等产业则继续保持平稳或较快发展，成为推动海洋经济发展的中坚力量。

总体来看，虽然中国海洋经济快速发展、成就巨大，但与发达国家相比，中国海洋资源开发的技术含量比发达国家的低，海洋资源的潜力还未被充分挖掘，海洋经济发展水平偏低，海洋高科技新兴产业领域尚在起步阶段，具有可持续发展的巨大潜能。预计在今后较长时期内，中国海洋经济将保持中高速发展势头，海洋经济在国民经济和社会发展中的地位和作用将更加突出。

二、主要海洋产业发展现状

在海洋经济总量高速扩张的同时，中国海洋产业体系不断完善，目前已发展为第一、第三产业门类齐全，12个门类并驾齐驱的海洋产业群。支柱海洋产业基本成形，滨海旅游业、海洋交通运输业、海洋渔业、海洋工程建筑业、海洋油气业、海洋船舶工业等不仅在国内经济结构中居于重要地位，在国际市场也具有相当大的竞争力。

（一）海洋渔业

海洋渔业由海洋捕捞、海水养殖、海水产品加工以及海洋渔业服务业等构成，是海洋经济领域中最为基础的产业部门。海洋渔业不仅可为国家经济建设提供工业原料，而且与沿海居民食物供给息息相关。

1. 海洋捕捞

改革开放后，在政策的激励下，沿海渔民的生产积极性空前提高，促使以捕捞为主体的海洋渔业迅速发展，年增长率达到10%，从1990年起至今，中国稳居世界海产品生产第一大国的地位。伴随海洋捕捞产量的提高，在20世纪90年代以后，传统优质渔业资源（如带鱼、大黄鱼、小黄鱼、真鲷、银鲳、对虾等）都出现了资源衰退加剧的问题，中国海洋渔业可持续发展受到严重威胁。针对海洋捕捞渔业发展的困境，中国一方面实施伏季休渔、捕捞定额、控制捕捞强度等措施，为野生渔业资源的繁衍生息创造条件；另一方面积极引导海洋渔业向海水养殖、远洋捕捞转型，推动海洋渔业的多元化发展。从近年情况来看，中国海洋捕捞产量基本处于稳定状态。由于近海渔业资源锐减以及生态环境恶化，近海捕捞增长潜力较小（表5-1）。

表5-1　近年中国海洋捕捞发展情况

年度	产量（万吨）	增长率（％）
2011	1241.94	—
2012	1267.19	2.03
2013	1280.84	1.08
2014	1713.11	33.75
2015	1761.75	2.84
2016	1758.86	-0.16

2. 海水养殖

20世纪90年代，在科技进步和政策措施的推动下，中国海水养殖业发展势头强劲，海水养殖产量开始超过捕捞产量。中国成为世界上第一个也是唯一的养殖产量超过捕捞量的国家，实现了以捕捞为主向以养殖为主的历史性转变。[17]近年来，中国海水养殖业规模保持小幅度增长，养殖产量继续稳步提高。到2016年海水养殖面积达2166.72千公顷，海水养殖产值3140.39亿元，连续多年保持世界海水养殖第一大国的地位。但随着全国沿海海水养殖规模的扩张，养殖活动对生态和环境的不良影响越来越突出，养殖品种的质量和效益也出现下滑态势。近年来，中国海水养殖业开始向质量效益型转变，以工厂化循环水养殖、深水网箱养殖和海洋牧场为代表的健康养殖模式得到快速发展（表5-2）。

表5-2　近年中国海水养殖发展情况

年度	海水养殖面积（千公顷）	产量（万吨）	产量增长率（％）
2011	2106.38	1551.33	—
2012	2180.93	1643.81	6.0
2013	2315.57	1551	-5.6
2014	2305.47	1667.3	7.5
2015	2317.76	1875.63	12.5
2016	2166.72	1963.13	4.7

3. 远洋捕捞

20世纪80年代以来，中国远洋渔业从无到有，逐渐发展壮大，参与国际渔业资源开发的能力不断增强。2016年全国远洋渔业总产量达198.75万吨，是1985年起步时期2600吨年产量的700多倍。中国远洋渔业作业区域分布于38个国家的专属经济区和太平洋、大西洋、印度洋公海及南极海域。中国远洋渔业渔获物主要来自公海，占远洋渔业总产量的比重达65%。目前中国的公海鱿鱼钓船队规模和鱿鱼产量居世界第一，金枪鱼延绳钓船数和金枪鱼产量居世界前列，专业秋刀鱼船数和生产能力跨入全球先进行列，培育发展南极磷虾产业已成为中国远洋渔业的重点领域之一。从近年发展情况看，中国远洋渔业产量逐年走高（表5-3），在国家海洋渔业发展中的地位日显突出。

表5-3　近年中国远洋渔业发展情况

年度	远洋渔业产量（万吨）	增长率（%）
2011	114.78	—
2012	122.34	6.59
2013	135.20	10.51
2014	202.73	49.95
2015	219.20	8.12
2016	198.75	−9.33

4. 海水产品加工

随着科技的进步和市场需求的加大，中国海水产品加工规模和和效益逐年提升，精深加工水平也越来越高，产品结构不断优化。鱼类、虾类、贝类、中上层鱼类和藻类加工工业体系逐步完善。烤鳗、鱼糜和鱼糜制品、紫菜、鱿鱼丝、冷冻小包装产品、海藻类等食品被大规模地开发和推广，不仅品种繁多，而且质量也达到或接近世界水平。中国是海水产品出口大国，2002年至今，海水产品出口连续居世界第一。2014年中国海水产品加工出口416.33万吨，出口额达216.98亿美元，出口产品主要有墨鱼、鱿鱼、对虾、贝类、罗非鱼、鳗鱼、蟹类等（表5-4）。

表5-4　2014年中国水产品主要出口品种

出口品种	2014年	
	数量（万吨）	金额（亿美元）
鱿鱼、墨鱼及章鱼	41.30	26.70
对虾	17.90	22.00

（续表）

出口品种	2014年	
	数量（万吨）	金额（亿美元）
贝类	27.29	17.00
罗非鱼	40.30	15.20
鳗鱼	4.00	10.00
蟹类	6.60	9.90
小龙虾	3.00	3.80
大黄鱼	3.80	2.60

（二）海洋生物制品与医药业

海洋生物制品与医药业是以海洋生物技术为主要手段，以海洋生物为原料，进行医用材料、功能食品和药物等的研发和生产活动。

由于海洋生物高值化开发潜力巨大，美国、欧洲、日本等发达国家或地区纷纷投入巨资，加快海洋生物制品与医药开发进程。在海洋生物制药领域，目前已经发现具有特定疗效的海洋生物活性物质20000余种，在研新药数百种，为海洋生物制品与医药业向着更大规模发展奠定了坚实的基础。作为新兴的海洋产业部门，海洋生物医药业发展前景广阔。

中国现代海洋生物制品与医药业发展起步较晚。20世纪80年代末，一些具有远见的科学家呼吁科学界和政府有关部门对海洋生物技术研究给予更多的重视，使中国海洋生物制品与医药业得以起步发展。进入21世纪以来，中国海洋生物制品与医药研发力量不断增强，沿海省市相继建立了数十家研究机构，形成了以上海、青岛、厦门、广州为中心的四个海洋生物医药研究中心，从事海洋药物及海洋生物工程制品的研究与开发的科研人员已达数千名。

目前中国海洋生物制品与医药开发已取得了丰硕的成果，自主研发的海洋药物有藻酸双酯钠、甘糖酯、多烯康、甘露醇烟酸酯等。中国科学家已获得一批针对重大疾病的海洋药物先导化合物，其中20余种针对恶性肿瘤、心脑血管疾病、代谢性疾病、感染性疾病和神经退行性疾病等的候选药物正在开展系统的成药性评价和临床前研究阶段。中国是海洋生物制品原料生产大国，壳聚糖、海藻酸钠的产量占世界80%以上，海洋生物酶已筛选到多种有显著特征的酶类，在国内外市场具有较强的竞争力。海藻多糖的纤维制造技术、海藻多糖纤维胶囊、新一代止血抗菌功能性伤口护理敷料和手术防黏连产品已实现产业化，海洋寡糖农药开发应用处于世界领先地位。随着国家政策扶持和投入力度的不断加大，中国海洋生物制品与医药业发展势头强劲（表5-5）。

表5-5 近年中国海洋生物制品与医药业发展情况

年度	增加值（亿元）	增长率（%）
2011	99	—
2012	172	73.8
2013	224	30.2
2014	258	15.2
2015	302	17.1

（三）海水综合利用业

海水综合利用是指对海水本身及海水中所含化学资源的开发利用，涉及淡水、食盐及多种化学元素的单一利用或综合利用等多种方式。目前海水综合利用业主要包括海水淡化、海水直接利用和海水化学资源利用三方面。海水淡化是利用海水生产淡水；海水直接利用主要包括海水直流冷却、海水循环冷却和大生活用海水等，并以海水直流冷却为主；海水化学资源利用主要包括海水制盐、海水提钾、海水提溴、海水提镁等。

中国海水综合利用始于20世纪60年代，长期以来主要以海水直接利用为主。近年来，国家出台了多个政策文件，大力鼓励发展海水综合利用业，随着

（亿元）

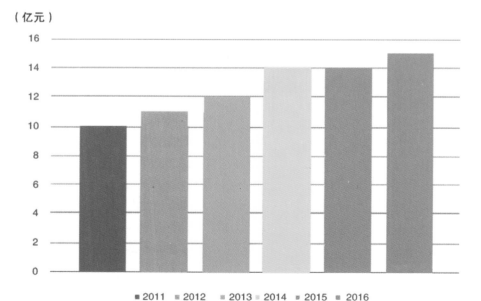

图5-3 中国海水综合利用业增加值年度变化情况

海水综合利用技术不断实现新的突破，促使中国海水综合利用产业发展呈稳步增长态势（图5-3）。

1. 海水淡化

从1981年在西沙永兴岛建成第一个日常200吨淡水的电渗析海水淡化装置开始，中国海水淡化产业稳步发展（图5-4）。到2016年底，全国已建成海水淡化工程131个，产水规模1188065吨/日。其中，2016年，全国新建成海水淡化工程10个，新增海水淡化工程产水规模179240吨/日。主要采用反渗透和低温多效蒸馏海水淡化技术，产水成本5～8元/吨。[18]

中国海水淡化工程主要在沿海9个省市分布，主要是在水资源严重短缺的沿海城市和海岛。北方以大规模的工业用海水淡化工程为主，主要集中在天津、河北、山东等地的电力、钢铁等高耗水行业；南方以民用海岛海水淡化工程居多，主要分布在浙江、福建、海南等地，以百吨级和千吨级工程为主。

反渗透（RO）、低温多效（LT-MED）和多级闪蒸（MSF）海水淡化技术是国际上已商业化应用的主流海水淡化技术。国内已掌握反渗透和低温多效海水淡化技术，相关技术达到或接近国际先进水平。到2016年底，全国应用反渗透技术的工程112个，产水规模812615吨/日，约占全国总产水规模的68.40%；应用低温多效技术的工程16个，产水规模369150吨/日，约占全国总产水规模的31.07%；应用多级闪蒸技术的工程1个，产水规模6000吨/日，约占全国总产水规模的0.50%；应用电渗析技术的工程2个，产水规模300吨/日，约占全国总产

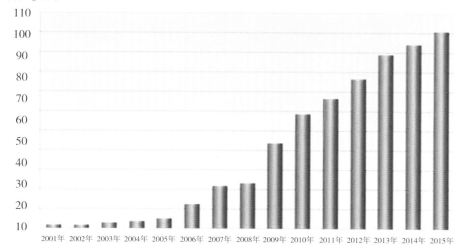

（万吨/日）

图5-4　全国海水淡化工程规模增长图

水规模的0.03%。

全国海水淡化工程产水的终端用户主要分为两类：一类是工业用水，另一类是生活用水。截至2016年底，海水淡化水用于工业用水的工程规模为791385吨/日，占总工程规模的66.61%。其中，火电企业为31.60%，核电企业为4.61%，化工企业为5.05%，石化企业为12.30%，钢铁企业为13.05%。用于居民生活用水的工程规模为392705吨/日，占总工程规模的33.05%。用于绿化等其他用水的工程规模为3975吨/日，占0.34%。[19]

在国际上，海水淡化水主要用于市政供水，占总工程规模的61%，海水淡化已成为一些缺水国家、地区的基本水源。加快生活领域应用淡化水，扩大海水淡化水应用规模，发挥海水淡化水的保障作用，应是中国海水淡化产业的重点发展方向。

2. 海水直接利用

中国海水直流冷却利用已有80多年的历史，现已在天津、大连、青岛、上海、深圳等沿海城市的电力、石化、钢铁、化工等行业中被广泛应用。到2016年底，年利用海水作为冷却水量为1201.36亿吨（图5-5）。在沿海省区市均有海水直流冷却工程分布，海水循环冷却工程主要分布在天津市、河北省、山东省、浙江省和广东省。到2016年底，已建成海水循环冷却工程17个，总循环量为124.48万吨/小时。

除了工业用海水外，国内市政及居民大生活用水也已进入试用阶段。自

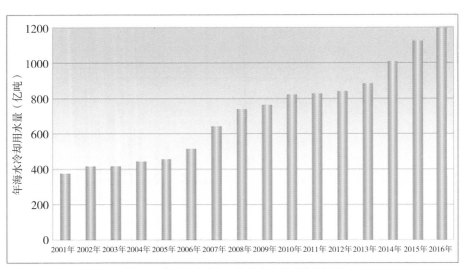

图5-5　全国海水冷却工程年海水利用量增长图

2002年开始，分别在天津、舟山和青岛等地进行了试点工作，并取得了丰硕成果。目前正在开展涉及居民生活的多用途海水利用关键技术及装备研究与示范，在多功能复合絮凝剂、新型海水高速过滤技术、景观/娱乐海水处理等技术研究方面进展顺利。

3. 海水化学资源利用

海水化学资源利用主要包括海水制盐、海水提钾、海水提溴、海水提镁等。2015年，除海水制盐外，产品主要包括溴素、氯化钾、氯化镁、硫酸镁。主要生产企业分布于天津、河北、山东、福建，包括天津长芦海晶集团有限公司、天津长芦汉沽盐场有限责任公司、河北南堡盐场、唐山三友盐化有限公司（大清河盐场）、沧州盐业集团有限公司、沧州临港燕捷盐化有限公司、福建山腰盐场、福建省莆田盐场等。在浓海水综合利用及产品高值化产业化技术研究方面取得了较大进展，完成了浓海水制盐滩田设施自动化、浓海水提溴自动化控制产业化技术改造，助推了企业的转型升级；药用无机盐系列实现规模化生产并投入市场。[20]

（四）船舶与海工装备业

船舶与海工装备业是研发、制造船舶及海洋油气、矿产等资源勘探开发装备的生产活动，包括船舶制造和海洋工程装备制造两方面。船舶与海工装备业是一个国家装备制造业发展水平的集中体现。

1. 船舶制造

从20世纪80年代开始，中国船舶制造业飞速发展。1994年，中国造船产量位列韩国、日本之后，成为世界第三大造船大国。此后的十多年里，随着全球经济的快速发展及国际贸易额的迅速增长，国际船舶市场空前兴旺，促使中国船舶制造业实现飞跃式发展，增长速度远远高于日、韩等主要造船国。到2007年，中国造船完工量占世界市场份额已达23%，造船完工量超过日本，位居世界第二。2010年，中国造船完工量达到6560万载重吨，新接订单7523万载重吨，手持订单19590万载重吨，分别占世界市场的43%、54%、41%，均列世界首位。

2008年国际金融危机爆发，全球经济进入低迷期，国际船舶市场严重萎缩，中国船舶工业发展遭遇寒流，许多中小船企交船难、接单难、赢利难等问题非常突出。在不利的市场形势下，中国船舶制造业产出波动较大。

近20年来，除了国际地位、生产规模外，中国船舶制造技术也取得了显著成就，不仅成功自主设计建造了好望角型散货船、30万吨级邮轮、8530TEU集装箱船等超大型主流船舶，而且在LNG船、豪华旅游船、极地科考破冰船等高技术船舶领域取得了重大突破。同时国内主要船舶制造商的管理水平也明显提升。目前中国造船效率与韩国、日本之间的差距已很小，骨干企业典型船舶建造周期已接近世界先进水平（表5-6）。

表5-6　近年中国船舶制造业发展情况

年度	增加值（亿元）	增长率（%）
2011	1437	—
2012	1331	−7.4
2013	1183	−11.1
2014	1387	17.2
2015	1441	3.9
2016	1312	−8.9

2. 海洋工程装备制造

随着全球海洋油气、矿产等资源勘探开发力度的加大以及向深海挺进趋势的加快，加上跨国公司纷纷进行产业转移，中国海洋油气开发装备制造发展迎来了难得的"战略机遇期"。

有关资料表明，受全球能源需求与供给等因素影响，未来海洋油气开发装备市场前景广阔。预计2014—2020年，全球海洋油气开发装备市场年均市场需求额约为500亿美元，2021—2025年达到620亿美元。在造船业受国际金融危机困扰之时，海洋工程装备制造被看作是一片"蓝海"。近年来，国内造船企业，甚至一些机械生产企业、航运和物流企业，都纷纷调整业务发展方向，加快向海洋工程装备制造"转型"，由此极大地推动了中国海洋工程装备制造业的加速发展。

目前中国各类海工平台等大型装备建造企业已达20多家，海洋工程船建造企业达100多家，主要大型海工装备建造企业有中集来福士、招商局重工、大连船舶重工和外高桥造船等，中国已是自升式平台和海工辅助船制造大国。2014年，中国海洋油气开发装备新承接订单超过139亿美元，约占全球市场份额的40.9%，位居世界第一。中国海洋油气开发装备制造业不仅在产业规模和产能上取得了长足发展，部分企业在高端装备领域还实现了历史性突破。2010年，沪东中华（集团）有限公司推出了自主研发的舱容分别为16万立方米、17.5万立方米和22万立方米的三款新型LNG船，标志着中国已成为世界上少数能够自主研发、设计、建造LNG船的国家之一。2011年，上海外高桥造船有限公司建造的第六代3000米深水半潜式钻井平台"海洋石油981号"交付，其最大作业水深为3050米，最大钻井深度为1.2万米，标志着中国深水油气资源的勘探开发能力和大型海洋装备建造水平跨入世界先进行列，对实现国家能源战略规划目标、保障国家权益具有重要的战略意义。

中国海洋油气开发装备制造业的发展并非一帆风顺。从2014年底开始，受油价持续走低、全球勘探开发支出减少以及钻井平台供给过剩的影响，国际市场开始出现收缩态势，中国海洋油气开发装备制造业面临的市场风险加大。国际海洋油气开发装备制造在发展进程中出现阶段性波折在所难免，长远来看仍有巨大的发展空间。

3. 海洋探测装备

海洋探测装备是探测认知海洋环境、拓展海洋资源利用范围和层次以及加强海洋生态环境保护的重要手段，主要由海洋环境探测技术装备、海洋环境观测平台装备和深海大洋矿产和生物资源探测装备等构成。

中国海洋环境探测技术装备得到了较好发展。在海洋动力环境探测方面，温盐传感器已形成系列产品，突破了高精度CTD测量、海流剖面测量及海面流场测量等关键技术，开发了高精度6000米CTD剖面仪、船用宽带多普勒海流剖面仪测量仪、相控阵海流剖面测量仪、声学多普勒海流剖面仪以及投弃式海流剖面仪等高技术成果，并初步实现了产品开发。在海底环境与资源探测方面，突破了侧扫声呐、合成孔径成像声呐、相控阵三维声学摄像声呐、超宽频海底剖面仪、海底地震仪等关键技术，开发了一批仪器设备。

目前，中国海洋环境观测装备呈现多样化发展，卫星、飞机、浮标与潜标、潜水器、水下滑翔器等装备均在海洋环境观测中得到应用，形成了天、空、水面和水下多层次立体观测平台网络。

以"大洋一号""海洋六号"和"向阳红10号"为载体的中国深海大洋矿产和生物资源探测装备体系正在逐步形成，高精度多波束测深系统、长程超短基线定位系统、6000米水深高分辨率测深侧扫声呐系统、超宽频海底剖面仪、富钴结壳浅钻、彩色数字摄像系统和电视抓斗等一系列高技术装备都以科考船为平台进行了集成利用。

（五）海洋可再生能源业

海洋可再生能源业是指在沿海地区，开发、利用海洋能、风能的技术和装备的生产活动。中国海洋能资源非常丰富，海洋可再生能源业发展前景广阔。

1. 海上风能

海上风能是目前中国海洋可再生能源开发利用的主要领域。2007年，中国第一台海上风力发电机在渤海海上风力发电示范项目投入运行，并输入油田独立电网。2010年，中国第一个大型海上风电场——上海东海大桥10.2万千瓦海上风电示范项目成功并网。2012年，中国规模最大的海上风电场——国电龙源江苏如东15万千瓦海上（潮间带）示范风电场投产发电。到2016年底，中国已建成的海上风电项目装机容量已达163万千瓦，是海上风电装机最多的国家之一。在海上风电研发领域，中国已可以制造生产5兆瓦和6兆瓦等大容量风电机组，初步解决了海上运输、安装和施工等关键技术，具备了一定的海上风电场运营经验。

2. 海洋能

中国潮汐能储量丰富，开发利用较早，是世界上建设潮汐电站最多的国家，新中国成立后陆续建成潮汐电站近50座，但目前仅有浙江温岭江厦潮汐电站和海山潮汐电站等尚在正常运行。江厦潮汐试验电站是中国第一座潮汐能双向发电站，发电量仅次于法国朗斯潮汐电站和加拿大安娜波利斯潮汐电站，位居世界第三。近年来，随着对海洋可再生能源需求的日益强烈，中国正在积极推进山东乳山市乳山口、福建东山县八尺门和浙江三门县健跳港等多个万千瓦级潮汐电站的建设。

始于20世纪70年代的中国波浪能开发利用研究，现今已得到较好发展。国家海洋技术中心于2011年在青岛市大管岛安装的多能互补电站整体运行良好，大管岛基本实现了24小时不间断供电，居民、游客的生产生活用电全部由电站供给。目前在大万山岛、嵊山岛建设的以波浪能为主体的多能互补示范电站，以及在大万山岛建设的波浪能独立电力系统示范工程，都正在加紧推进实施。

中国潮流能开发利用技术研究始于20世纪80年代，目前已有较大进展。哈尔滨工程大学联合山东电力工程咨询院等单位研建的"海能Ⅱ" 2×150千瓦潮流能电站，于2013年通过验收，但在海试中因机械故障停止发电。之后，哈尔滨工程大学又与浙江岱山县合作研制了"海能Ⅲ" 2×300千瓦垂直轴潮流能装置，并开展了海试。东北师范大学研制的20千瓦水平轴自变距潮流能发电装置，也于2013年通过验收。此外，大连理工大学、浙江大学等均开展了有关潮流能发电装置研发，取得了较大进展。近年来，潮流能示范电站建设也在积极推进，青岛市斋堂岛多能互补示范电站、岱山县2×300千瓦海洋能独立电力系统示范工程及舟山岱山海域潮流能并网电力示范工程都已进入海试阶段。

（六）海洋交通运输业

海洋交通运输业是以船舶为主要工具从事海洋运输以及为海洋运输提供服务的生产性活动，包括远洋旅客运输、沿海旅客运输、远洋货物运输、沿海货物运输、水上运输辅助活动、管道运输业、装卸搬运及其他运输服务活动。[21]海洋交通运输对一个国家发展外向型经济走向世界有着至关重要的作用。通过海洋交通运输，中国已与世界上100多个国家和地区建立了经济、技术合作和交流关系。目前中国90%以上的原油、铁矿石、粮食、集装箱等进出口货物都是通过海运完成的，年海运量约占世界的1/3。可以说，海洋交通运输是中国经济走向世界的"桥梁"。

中国海洋交通运输业发展历史久远，海上丝绸之路时期是古代中国海洋交通运输业发展的巅峰时期，但由于自明朝中期后实行闭关锁国政策，海洋交通运输业开始没落，直到新中国成立以后才逐渐恢复，并在改革开放后，随着中国外向型经济的发展实现了历史性飞跃。

新中国成立初期，中国沿海仅有6个主要港口，233个泊位，年吞吐能力仅1000余万吨。改革开放后，中国对外贸易持续增长，海港码头建设也进入了飞速发展时期。1989年吞吐能力在万吨级以上的海港达到190多个，其中10万吨级以上的有93个，泊位达1117个，货物吞吐量达4.9亿吨。到1999年，港口数量达到1200多个，码头泊位3.3万个。进入21世纪，随着国民经济实力的快速增长，中国掀起了新一轮港口建设和发展热潮，港口规模、吞吐能力以惊人的速度发展。2003年，港口货物吞吐量26亿吨（不含港、澳、台港口），跃居世界第一，港口集装箱吞吐量遥遥领先于世界平均增长速度，总量达到4800万TEU（不含港、澳、台港口），超过美国，跃居世界第一。2005年，上海港货物吞吐量达到4.43亿吨，成为世界第一大港。目前，中国港口货物吞吐量已达118亿吨，集装箱吞吐量达到1.76亿TEU，亿吨级大港达到29个，百万标箱级港口达到22个，在世界港口货物吞吐量、集装箱吞吐量排名前10位中分别拥有8席和7席。

中国海运船队发展迅速。新中国成立时，仅有23艘轮船，总吨位3.4万吨。但到1982年就已拥有远洋船舶874艘、1100万载重吨。英国劳氏船级社发表的数字表明，1982年中国海运船队吨位居世界第11位，1983年居世界第10

位，1988年上升到世界第8位，商船数达1841艘、1936万载重吨。目前，中国海运船队运力规模达到1.42亿载重吨，约占世界海运船队总运力的8%，居世界第4位，形成了大型现代化的油轮、干散货船、集装箱船、液化气船、客滚船和特种运输船队。[22]

近年来，受全球经济衰退和国际贸易不景气的影响，国际航运市场进入低迷期，中国海洋交通运输业发展步伐放缓，增速减弱（表5-7）。

表5-7 近年中国海洋交通运输业发展情况

年度	增加值（亿元）	增长率（%）
2011	3957	—
2012	4802	21.4
2013	5111	6.4
2014	5562	8.8
2015	5541	-0.4
2016	6004	8.4

（七）滨海旅游业

滨海旅游业是以海岸带、海岛及海洋各种自然景观、人文景观为依托的旅游经营、服务活动，主要包括海洋观光游览、休闲娱乐、度假住宿、体育运动等。[23]

滨海旅游业作为一个独立的海洋产业部门，兴起于20世纪60年代后期，发端于拉丁美洲的加勒比海地区，后又逐步扩展到欧美和亚太地区。随着人们对海洋认知兴趣的不断增大，目前已在全球范围内出现了前所未有的滨海旅游热。据世界旅游组织统计，滨海旅游业收入已占据全球旅游业总收入的1/2；在欧美、澳大利亚和东南亚一些海滨地区，滨海旅游业早已成为国民经济的重要组成部分。

中国滨海旅游资源丰富，不仅有众多自然风景资源，还富有特色鲜明的人文景观资源。20世纪80年代后，适应人民生活水平不断提高对旅游不断增长的需求，中国滨海旅游资源得到迅速开发，滨海旅游业蓬勃发展。自2000年以来，中国滨海旅游业增加值以年均两位数的速度增长，高于同期国内旅游业增长速度，滨海旅游业就业人口超过百万。2016年，中国滨海旅游业增加值达到12047亿元。滨海旅游业的发展带动了中国沿海及岛屿的开发，促进了地方经济文化的繁荣（表5-8）。

表5-8 近年中国滨海旅游业发展情况

年度	增加值（亿元）	增长率（%）
2011	6258	—
2012	6972	11.4
2013	7851	12.6
2014	8882	13.1
2015	10874	22.4
2016	12047	10.8

从滨海旅游发展情况来看，目前中国的滨海旅游以海滨区域旅游为主，大部分沿海地区的滨海旅游活动发生在海滨陆地上和海岛上，而真正意义上的海上旅游产品很少，如邮轮巡游、游艇、帆船、海上垂钓、冲浪、潜水等海洋旅游产品只在少数滨海旅游地发生，多数滨海旅游地的滨海旅游产品发展仍处在海滨观光向海滨度假转化的时期，高端海上观光与度假旅游仍处在起步阶段，发展空间巨大。

三、存在的主要问题

改革开放至今，在需求、政策和科技等因素的驱动下，中国海洋经济实现了高速发展。与此同时，一系列重大问题也日益显现，主要表现为海洋资源开发利用过度和不足并存、海洋产业整体素质不高、海洋科技创新支撑能力不足、海洋生态环境恶化、海洋权益威胁加剧、海洋综合管理推进迟缓等。这些问题的存在，给中国海洋资源可持续开发利用和海洋经济可持续发展构成巨大挑战。

（一）海洋资源开发利用过度和不足并存

海洋资源是海洋经济发展的基本物质条件，海洋资源种类和数量的变动，会对海洋经济发展进程带来决定性影响。受制于管理落后、科技支撑力不足或使用不当以及海洋权益争端等因素的影响，中国海洋资源开发利用既具有破坏浪费开发特征，又具有开发不足的问题，在海洋渔业资源、海洋空间资源和海洋矿产资源的开发利用上表现得尤为突出。

1. 海洋野生渔业资源全面衰退

长期无序状态下的过度开发，加上沿海工业发展、城市建设和居民生活所带来的环境污染的影响，导致中国近海渔业资源遭到几近毁灭性的破坏，目前已处于全面衰退状态。主要表现在以下方面：一是传统优质鱼类相继衰竭，处于食物链较高层次的优质鱼类越来越少，经济价值较低的鱼类、虾蟹类上升为主要渔获种类；二是由于传统经济鱼类的小型化、低龄化，加上进一步开发利用中、上层小型鱼类，使得经济种类种群补充不足，最大渔获量急剧下降。[24]海洋渔业资源的加速衰退，直接影响到中国近海捕捞业的发展。中国海洋渔业产值逐年递增，近海捕捞业却越来越萎缩，吸收就业能力不断弱化，给沿海渔民生产和生活带来深刻的改变和影响。由海洋渔业资源退化引起的渔业、渔民、渔村"三渔问题"，成为制约沿海区域经济社会发展的重大问题之一。在近海捕捞业短期内难以复苏的背景下，发展增殖渔业、健康养殖业、休闲渔业和远洋渔业，是破解"三渔问题"的必由之路。

2. 海洋空间资源破坏严重

中国海洋渔业的长期快速发展，主要动力来自海水养殖业。国家政策的扶持、科技的进步以及经济利益的刺激，促使中国近海养殖空间急速扩张，养殖规模不断扩大，伴随而来的是对海水、海洋自然岸线、滩涂湿地、海湾等资源的污染、侵占和破坏。中国海岸线从南至北分布着无数的海水养殖工场和海水养殖基地，因此造就了中国作为世界第一海水养殖大国的地位。但由于缺乏合理的规划和严格的管理，盲目圈海造池、乱投网箱、滥用饵料和鱼药以及不规范的垃圾和废物处理等行为非常普遍，造成大量自然海岸线被不合理的人工岸线取代，大面积滩涂湿地消失，众多海域的海水、海湾等由于承载过量的养殖压力而处于高污染负荷状态。

中国经济社会长期高速发展增强了对土地资源的需求，由此引发围填海活动在沿海地区大范围展开。围填海造地虽然能够有效缓解土地资源稀缺并拓展发展空间，但也对海洋空间资源造成极大破坏。一是造成大量滨海滩涂湿地丧失。中国滨海湿地自20世纪90年代以来，以每年2万多公顷的速度减少，潮间带湿地已累计丧失57%。中国沿海原有滩涂面积约207万公顷，目前已经缩减了一半多。[25]二是使得中国海岸自然岸线长度及海湾和海岛数量锐减。海岸线人工化指数目前已达到0.38[26]，海湾数量比新中国成立之初减少了百余个，还有一大批海湾的实际面积在不断缩小。与20世纪90年代相比，中国已消失海岛总数达806个。造成海岛消失的原因很多，有自然因素的影响，如全球气候变化、风暴潮、地震等，还有围填海、挖沙、炸岛、采石等人类开发活动的影响。

3. 一些重要的海洋资源尚未得到充分开发

中国对海洋资源的开发利用，一方面破坏性和过度性非常突出，另一方面又存在开发程度不足的问题，特别是对海洋空间资源以及深海生物和矿产资源开发利用的广度和深度不够。中国滨海旅游资源利用率不到1/3，且开发层次较低，宜盐土地和滩涂利用率仅为45%，15米水深以内的浅海利用率不到2%，海水直接利用规模较小，深海地区一些深水港址尚待开发，海洋能的开发利用程度低。[27]中国海洋油气开发主要集中于近海陆架断裂盆地，如渤海盆地、珠江口盆地和北部湾盆地等，虽然东海盆地和南海万安滩盆地蕴藏着丰富的油气资源，但受制于与相关邻国复杂的领海争端，目前尚未开发利用。对国际海底区域贮藏的可燃冰、铁锰结核、多金属结核和富钴结壳以及生物基因等战略资源，目前尚处于勘探研究阶段，开发技术不成熟，还不具备商业化开采条件，是亟待突破的领域。

（二）海洋产业整体素质不高

海洋产业素质是某一海洋产业所提供的产品和服务的质量、技术装备、企业管理、产业组织结构和产业结构等方面状况的综合体现。中国海洋产业整体素质不高，主要表现为：

1. 产品和服务层次较低

以海洋渔业和滨海旅游业为例。由于河流排海污染物总量常年居高不下，导致中国近岸局部海域海水环境污染严重，造成海洋野生生物体内重金属、农药等化学污染物含量较高，粪大肠菌群超标严重，有的贝类中已检出腹泻性贝毒和麻痹性贝毒等赤潮毒素，海洋野生生物产品质量安全受到严重威胁。海水养殖产品品质也不容乐观，受种质退化、过分追求养殖规模、养殖技术应用不合理、水质污染以及养殖病害多发等因素的影响，近年来中国海水养殖产品品质不仅没有提升反而有所下降。在水产品加工方面，目前仍以传统的、初级的加工产品为主，冷冻水产品占了加工产品的60%左右，高技术含量、高附加值的产品较少。

随着中国滨海旅游业的迅速发展，客源规模急剧增长与滨海旅游服务能力不足之间的矛盾越来越突出，管理体制、人才、资源开发、旅游环境、接待能力等方面的不足日益显现，旅社服务不规范、门票价格虚高、宾馆价高且一房难求、酒店宰客、游览项目单一、交通堵塞等问题日趋严重，对中国滨海旅游业可持续发展造成极大的影响。

2. 技术装备难以满足需求

技术装备是保障海洋产业的基本手段和工具，中国海洋产业的长期高速发展，与技术装备条件的不断改善与进步直接相关，但与发达国家相比还有较大差距，难以对中国海洋产业的进一步提质增效和升级提供可持续的支撑。

在海洋渔业领域，目前近海捕捞渔船85%以上为小型木质渔船，且多采用拖网和定制网作业方式，对近海渔业资源的破坏极大。远洋渔船主要依赖国外进口的二手船，存在渔船老化、设备陈旧、技术落后、捕捞效率低等问题。海水产品加工设备简单，机械化程度低，加工质量控制技术偏低。

在海洋油气业领域，近海油气勘探水平低，原油探明率不到20%，天然气探明率不到10%。深海油气资源勘探开发落后，缺乏在深海作业的各种高端油气勘探和开采装备。深海通用技术和深海采矿技术与装备，起步晚，发展慢。深海通用技术大多处于样机阶段，关键部件或设备主要依靠外购；深海采矿系统与装备尚停留在试验阶段，与国际上已经开展的海上试开采技术相比，差距很大。[28]

在海洋可再生能源产业领域，虽然中国起步较早，但缺乏对核心技术的掌握，技术水平整体不高，海洋可再生能源装备在能量转换效率和可靠性方面，以及有关设备制造和生产能力，与国际上有很大的差距。

在海水淡化产业领域，主要问题是基础研究不足，具有自主知识产权的关键技术较少，设备制造及配套能力较弱。目前，反渗透海水淡化的核心材料和关键设备主要依赖进口，国产化率低。

3. 涉海企业管理落后

涉海企业是海洋经济发展的主体，直接决定着所提供产品和服务的质量和水平。从规模上，涉海企业可分为大、中、小三种类型。与现代企业经营管理要求相比，中国涉海企业管理尚有不小的差距。

大型涉海企业一般为国有企业，由于中国国有企业体制改革尚在进行中，许多大型涉海企业还没能形成自主经营、自负盈亏、自我发展的责权利一体的独立法人，还未能很好地实行经营市场化、管理科学化和现代化。这些企业的现代化管理，例如市场调整技术和分析，信息管理，成本计算、预测和分析，工业工程、价值工程、新产品设计的经济分析，投资与财务分析等都还处于起步阶段。

随着中国海洋经济发展进程的加快，涉海中小企业不断涌现，成为海洋经济发展的重要力量，对扩大就业、增加财政收入、繁荣市场发挥了重要作用。

但由于涉海中小企业本身的局限，其在发展过程中也暴露出许多问题，主要有：由于规模相对小、经营变数多且风险大、信用能力较低等原因，因此涉海中小企业融资难、成本高；涉海中小企业普遍缺乏信用基础，信用观念薄弱；缺乏战略规划，致使涉海中小企业不清楚自己的定位，不能明确自己的使命和目标，发展盲目；人力资源管理差，大多数的涉海中小企业都没有设立专门的人力资源管理部门，在人力资源管理上投入的资金和精力明显不足；不重视企业信息化建设。

4. 海洋经济组织结构分散

除了部分海洋产业如海洋油气业、海洋交通运输业外，多数海洋产业的组织形式比较分散，缺乏规模，尤其是缺乏有影响力的大企业，无法发挥产业链的关联效应，限制了海洋经济整体实力的提高。

无论是新兴海洋产业中的滨海旅游业还是传统产业中的海洋渔业，其产业组织结构松散，国内外市场上具备竞争力的现代化大型企业偏少，中、小型企业数量偏多，龙头带动作用不突出，核心竞争力不强。主要原因是：企业间缺乏有效的分工协作和联合，"大而全""小而全"现象严重，生产的专业化程度低，多数企业处于自成体系的封闭式生产状态，产业集中度低。高技术海洋产业尚处于发展初期，规模小，竞争能力差，在水平上不足以为改造传统产业提供技术支持，难以担当起促进经济增长的重任。

5. 海洋产业结构仍不尽合理

从近年中国海洋产业发展状况来看，海洋产业结构变动态势为第一产业稳步下降，第二产业稳步上升，第三产业加速发展，这表明中国海洋产业结构优化趋势明显。目前，中国海洋产业结构尚存在以下问题：

一是海洋第一产业比重仍然偏大。目前中国海洋产业总产值中近两成是海洋渔业，在沿海地区特别是传统渔区，渔业仍然是当地的支柱产业。海洋渔业的发展还主要依靠资金和资源的消耗以及廉价劳动力来维持，未能摆脱能耗高、污染重、产品档次低和效益低下的落后局面。

二是海洋第二产业比重低。随着经济全球化，国外海洋产业结构优化升级，第二产业发展迅速，在海洋经济中处于主导地位。目前世界海洋产业结构中第二产业比重上升到59%，中国海洋第二产业虽然发展迅速，但比重较低，海洋生物医药、海洋再生能源开发、海水综合利用、海洋矿业尚处于起步阶段。

三是海洋第三产业发展迅速，但还须在提升内涵上下功夫。滨海旅游业虽然占海洋生产总值的比重较大，但是其发展较为分散，基础设施不完善，相关配套及政策法规不健全，安全存在隐患等是困扰滨海旅游业发展的主要问题。海上交通运输业近年来发展也很迅速，但仍存在不少的问题。在港口建设方面的问题主要有港口功能单一、集疏运方式单一、信息化建设缓慢、管理模式落后。在船舶运输方面的问题主要有海运航线安全威胁加剧、受经济危机影响海运船队亏损严重等。

（三）海洋生态环境恶化

良好的海洋生态环境对维持自然生态系统平衡、实现海洋资源持续利用、保证海洋经济可持续发展、推动社会进步具有重大意义。多年来，中国沿海地区经济社会快速发展，由于在海洋开发利用中只重视对海洋资源的索取，而对海洋生态环境保护不足，致使海洋生态环境问题日益突出。

1. 近岸局部海域环境污染严重

东部沿海是中国经济和人口高度集聚地区，经济社会发展水平高，海岸和近海空间开发密度大，由经济社会发展衍生的海洋生态环境污染问题非常严重。近年来，通过采取河海环境统筹治理、严格控制入海排污和垃圾倾倒以及加强围填海管控等措施，中国近海生态环境状况逐步好转，一类、二类海水所占比例总体呈现逐年波动增加的趋势，但近岸局部海域水质污染问题依然突出。污染严重的海域主要集中在大河入海口和海湾，如辽东湾、渤海湾、莱州湾、长江口、杭州湾、浙江沿岸、珠江口等，主要污染物为无机氮、活性磷酸盐和石油类。受氮、磷等营养物质输入的影响，近岸部分海域营养盐超标严重，富营养化问题突出，重度富营养化海域主要集中在辽东湾、长江口、杭州湾、珠江口等近岸海域。[29]

2. 海洋生态系统受损严重

海洋生态系统是海洋中由生物群落及其环境相互作用所构成的自然系统。受环境污染、人为破坏以及资源的不合理开发等因素的影响，中国近海生态系统严重退化。根据"908专项"调查，与20世纪50年代相比，中国滨海湿地面积丧失57%，红树林面积丧失73%，珊瑚礁面积丧失83%，大陆自然岸线保有率已由20年前的90%以上，下降到40%。[30]一些重要的经济鱼类、虾、蟹和贝类的产卵、育幼场所等生态敏感区消失，海洋野生渔业资源严重衰退，外来物种入侵增多，危害加剧，海洋生物多样性和珍稀濒危物种日趋减少。典型的海洋生态系统有河口生态系统、海湾生态系统、滩涂湿地生态系统、珊瑚礁生态系统、红树林生态系统、海草床生态系统等，其健康状况分为健康、亚健康和不健康三个级别。中国海洋生态系统健康状况不容乐观，河口、海湾、滩涂湿地、珊瑚礁、红树林和海草床等海洋生态系统中，处于健康、亚健康和不健康状态的海洋生态系统分别占14%、76%和10%。[31]

3. 海洋生态环境灾害频发

赤潮、绿潮、海岸侵蚀、海水入侵、土壤盐渍化和海上溢油等，是目前中国面临的主要海洋生态环境灾害。

赤潮是在特定的环境条件下，海水中某些浮游藻类、原生动物或细菌爆发性增殖或高度聚集而引起水体变色的一种有害生态现象，是海水富营养化的集中体现。引发赤潮的优势藻类有10多种，其中主要有东海原甲藻、夜光藻、米氏凯伦藻和红色赤潮藻等。赤潮会破坏局部海区生态环境，威胁海洋生物生存，降低海水质量。20世纪90年代，中国近海年均发生赤潮次数为20起。进入21世纪后，受经济社会发展带来的环境污染加剧的影响，赤潮爆发频率增大。2000—2014年，中国年均发生赤潮70多起，为20世纪90年代的近四倍。渤海、长江口及其邻近海域是赤潮高发区。

海水富营养化不仅是赤潮发生的重要原因，也是绿潮爆发的重要原因。在养分丰富、温度适宜的情况下，浒苔和石莼等藻类便会疯狂生长繁殖，进而形成绿潮。2008—2015年，中国黄海海域连续在夏季发生浒苔绿潮灾害。2014年黄海海域浒苔绿潮影响范围为近年来最大，最大分布面积达50000平方千米。浒苔虽然无毒，但是大规模爆发也会带来严重危害。大量繁殖的浒苔会遮蔽阳光，影响海底藻类的生长，死亡的浒苔会消耗海水中的氧气，浒苔分泌的化学物质可能会对其他海洋生物造成不利影响，浒苔爆发还会严重影响景观，干扰旅游观光和水上运动的进行。

随着中国近海石油生产运输以及其他作业活动的增多，溢油污染发生频率增大，成为威胁和破坏海洋生态环境的主要因素之一。溢油污染危害极大，溢油入海后将迅速扩散，在海面形成油膜，阻碍水面和空气接触，减少水中的溶解氧，降低海洋的自净能力；携带溢油的颗粒状物质沉落到海底后，会对海底沉积物造成污染；溢油污染会破坏生物生存的环境和食物源，进而对生物的生存状态带来影响，造成不同程度的损害。2010年大连新港"7·16"溢油污染事故、2011年蓬莱19-3油田溢油事故，都造成了大范围的严重海洋生态环境损害，由此带来巨大的经济损失。

海岸侵蚀和海水入侵也是威胁中国近海生态环境安全的重要因素。中国70%左右的砂质海岸线以及几乎所有开阔的淤泥质岸线均存在海岸侵蚀现象。海岸侵蚀是一种严重的环境地质灾害，会使大片土地消失、海岸构筑物毁坏、海滨浴场退化、海滩生态环境恶化、海岸防护压力增大，侵蚀下来的泥沙又被搬运到港湾淤积而使航道受损。海水入侵在中国沿海普遍存在，以河北、山东沿海最为严重。海水入侵使地下水水质变咸，土壤盐渍化，可耕地减少。

（四）海洋管理体制改革滞后

中国现行海洋管理是以分部门、分行业管理为主要特点的分散管理体制，海洋管理职能分散于农业、交通、环保、能源、土地等多个部门，构成了多行业分管和协管相结合的条块状管理格局。在海洋事务量少且简单的情况下，这种体制足够应对。但随着海洋战略地位的提升，海洋事务不断增多并日趋复杂，现行海洋管理体制越来越难以应对海洋开发和海洋经济发展形势的需求了。

1. 海洋管理主体权责不明

管理主体权责明确，是提高海洋管理效率、增强协调性的必要条件。中国目前的海洋管理体制涉及多个管理主体，存在权限不明确、责任不清晰等问题。首先是中央和地方海洋管理权责没有厘清，造成纵向管理上的混乱，给及时妥善地处置海洋领域突发性重大事件或问题造成极大的困难。其次是管理部门间职责分工不明确，职能交叉和职能归属不明问题并存，影响到海洋管理的协调性和效率性。

2. 海上执法分散

在海洋综合管理的框架下，依据协调系统的海洋法规，实施海上统一执法，强化执法效率和效果，是国际海洋管理的基本趋势。中国目前海上执法处于分散状态，海监、港建、渔政、公安、缉私等海上执法队伍，分别归属于不同部门，执法力量过于分散，造成部门间工作不协调甚至互相掣肘，效率低下，难以应对复杂的海上违法事件。随着中国海洋开发和海洋经济发展进程的推进，实施海洋管理综合化改革，加强统一执法队伍建设，已势在必行。

（五）海洋权益冲突加剧

海洋权益是国家在其管辖海域内所享有的领土主权、司法管辖权、海洋资源开发权、海洋空间利用权、海洋污染管辖权以及海洋科学研究权等权力和利益的总称。海洋权益直接关系到海洋资源开发的空间范围和规模，对海洋经济的长远发展具有紧密的关联效应。推动中国海洋经济可持续发展，就要积极争取和维护国家海洋权益。中国于1996年加入《联合国海洋法公约》后，在国家海洋权益得到有效认可和保护的同时，由于与相邻多国在专属经济区划界以及海域和海岛归属上存在不同程度的争议，海洋权益冲突日趋尖锐。

1. 与日本的钓鱼岛争端

钓鱼岛及其附属岛屿位于中国东海大陆架的东部边缘，是台湾岛的附属岛屿，面积约5.69平方千米。钓鱼岛拥有丰富的油气、渔业等资源，战略军事地位突出，可将国家海防线前推500千米，是中国海军突破第一岛链、前出太平洋的最佳通道。无论从历史还是从法理的角度来看，钓鱼岛及其附属岛屿都是中国的固有领土，中国对其拥有无可争辩的主权。日本在1895年通过甲午战争，利用不平等的《马关条约》，窃取了钓鱼岛及其附属岛屿。二战后，根据《开罗宣言》《波茨坦公告》及《日本投降书》等法律文件，钓鱼岛及其附属岛屿回归中国。但美国私自于1952年以后将钓鱼岛及其附属岛屿列入其"托管范围"，并于1972年将其"行政管辖权"连同琉球一起"交给"日本，中日钓鱼岛争议由此产生。鉴于中国当前面临的复杂的地缘政治关系，以及钓鱼岛及其附属岛屿对于中日两国以及域外有关国家在战略竞争格局中的重要价值，决定了其回归将是一个长期的、复杂的斗争过程。实现国家长治久安，需要钓鱼岛；拓展海洋开发和海洋经济发展空间，需要钓鱼岛。作为一个幅员辽阔、人口众多、经济总量全球第二、政治军事影响不断彰显的世界大国，中国将充分利用历史和法理依据，凭借国力优势，推动钓鱼岛尽早回归。

2. 南海主权争端

南海是中国的三大边缘海之一，总面积达350多万平方千米，由东沙群岛、中沙群岛、西沙群岛和南沙群岛四大群岛组成，南沙群岛是分布范围最广、岛礁数量最多的一组大群岛。南海地理位置独特，战略地位显要。南海是多个国家的"海上生命线"，是世界第二大海上航道，仅次于欧洲的地中海，全世界一半以上的大型油轮及货轮均航行经过南海。南海资源储量丰富，除了渔业资源，还有丰富的油气资源和天然气水合物资源，初步统计南海石油地质储量在230亿～300亿吨，约占中国总资源总量的1/3，被誉为第二个波斯湾。对中国来说，南海还具有重要的战略地缘价值，它是中国东南部战略防御的前哨阵地和华南地区的海上屏障。获得对南海（尤其是南沙群岛）的支配地位，使中国的战略防御纵深向南推进数百海里，对于保障国家安全有重要意义。

南海自古就是中国固有的海疆。早在汉代，中国人民就首先发现了南海诸岛，对南海有了初步认识。宋代将南海列入"琼管"范围，标志着南海诸岛纳入中国版图初见端倪。至清代，中央政府将南海诸岛正式列入中国版图并明确置于广东省琼州府万州辖下。从最早发现南海到拥有主权，再到开发利用，中国都远远早于其他国家。无论从历史还是依据现代国际法，中国都拥有对南沙群岛的绝对主权。20世纪30年代之前，没有任何国家对中国拥有南沙群岛的主权提出异议；70年代以前，英、美、法、苏等国出版的《世界地图集》，以及各种文献和权威的百科全书均清楚地将南沙群岛标属中国。

中华人民共和国成立后，由于国内百废待兴、军事能力有限、海疆意识薄弱等原因，中国对南海未能形成有效控制，这就给周边国家造成渔猎南海的机会。从20世纪50年代起，越南、菲律宾、马来西亚等国家纷纷抢占中国南海岛礁，并通过与西方国家合作掠夺开采南海油气资源。目前南海岛礁实际控制情况是：中国大陆有7个，台湾地区控制太平、中洲两个岛；越南非法侵占29个，同时把南沙群岛及其附近100多万平方千米，纳入越南的版图，并声称对西沙也拥有主权；菲律宾侵占9个，基本控制南沙东北部海域，其要求的范围包括54个岛礁滩沙以及41万多平方千米的海域；马来西亚侵占和进驻了10个岛礁，其要求的范围包括12个岛礁滩沙以及27万多平方千米的海域。

从当前现实来看，南海主权争端已成国际焦点问题，南海问题因涉及中国和周边多个国家而十分复杂。在巨大的利益和各种因素影响下，美国、日本、印度等大国势力又纷纷介入南海主权争端，使本已不平静的南海变得剑拔弩张，南海问题日益国际化，南海局势日益紧张。针对南海局势不断升级的现状，中国政府采取了一系列应对措施，包括设立地级三沙市、加强海上执法、加强南海岛屿基础设施建设、推动海防力量建设、促进与东盟的经济融合等，对有效维护南海主权发挥了积极的作用。

第六章　中国海洋经济发展战略

进入21世纪这个"海洋的世纪"，世界沿海国家竞相实施新一轮蓝色海洋开发战略，以实现持续发展。中国是海洋大国，海洋资源丰富，海洋生态类型多样，海洋资源的有效开发与海洋空间的合理规划必将成为国家突破生存发展瓶颈的重要战略选择。因此，积极走向海洋、大力探索海洋、有效管控海洋，是中国发展成为强国的必由之路。建设海洋强国，是中国特色社会主义发展战略的重要组成部分。2002年党的十六大报告提出了"实施海洋开发"的战略部署。为推动这一战略的实施，2003年5月9日，国务院印发了《全国海洋经济发展规划纲要》，首次明确提出"逐步把我国建设成为海洋经济强国"的宏伟目标。海洋开发与管理的法律、法规体系的建立以及《中国海洋21世纪议程》《中国海洋事业的发展》白皮书的发表，标志着我国海洋事业全面走向依法治海、面向世界和发展经济的轨道。2012年党的十八大以来，以习近平同志为核心的党中央从实现中华民族伟大复兴的高度出发，提出一系列着力推进海洋强国建设的新理念、新思想、新战略，并取得举世瞩目的成就。

一、科技兴海战略

海洋科技是国家海洋事业发展的强大支撑和不竭动力，开发海洋资源、保护海洋环境、发展海洋经济、维护海洋权益、建设海洋强国，必须依靠海洋科学技术。可以说海洋科技的发展贯穿我国的海洋发展战略。从1956年国家制定海洋科学远景规划开始，我国海洋科技事业显著缩短了与先进海洋国家的差距，并在某些方面达到国际领先水平，为推动和引领海洋经济发展做出了重要贡献。

20世纪90年代初，在国家实施科教兴国和可持续发展战略的总体背景下，科技兴海的战略设想和行动计划被提了出来。原国家科委、国家海洋局、国家计委、农业部等于1997年联合发布实施了《"九五"和2010年全国科技兴海实施纲要》，提出了510工程。当时的科技兴海更多地着眼于资源开发利用方面，促进了海洋渔业等传统产业的升级改造，海洋经济总量增加迅速。

随着国内外海洋经济形势的发展，科技兴海的内涵逐渐扩展为海洋科技与经济结合的社会化系统工程，是技术创新、管理创新、市场创新、金融创新等有机结合的经济活动过程。中心任务是加快科技成果转化和产业化，促进经济发展方式的转变。具体而言，不仅要"兴"传统海洋产业，更需要"兴"新兴海洋产业，并进一步"兴"海洋经济以及为海洋经济提供支撑、引领、保障服务和管理活动，为海洋经济又好又快发展提供保障，逐步发展到"兴"海洋经济强国。2003年国务院印发的《全国海洋经济发展规划纲要》特别强调了发展海洋经济要坚持科技兴海的原则。此后，我国相继出台了一系列关于海洋科技发展的重要规划。

2006年初颁布实施的《国家中长期科学和技术发展规划纲要（2006—2020年）》对海洋科技的发展作出了前瞻性、战略性的部署。该规划将海洋科技作为国家科技发展的五大战略领域之一，提出了今后15年海洋科技发展的方向和任务，明确了今后我国海洋科技工作的着力点和主攻方向；海水淡化、海洋生态与环境保护、海洋资源高效开发利用、大型海洋工程技术与装备等应用技术成为重点发展领域的优先主题；海洋技术被列为前沿技术，海洋科学成为基础研究中的重要内容。该规划对海洋领域的科技发展提出了新的任务和要求：

①在水和矿产资源这一重点领域中，将海水淡化和海洋资源高效开发利用作为优先主题。海水淡化将重点研究开发海水预处理技术，核能耦合和电水联产热法、膜法低成本淡化技术及关键材料，浓盐水综合利用技术等；开发可规模化应用的海水淡化热能设备、海水淡化装备和多联体耦合关键设备。

②在海洋资源高效利用方面，将重点研究开发浅海隐蔽油气藏勘探技术和稠油油田提高采收率综合技术，开发海洋生物资源保护和高效利用技术，发展海水直接利用技术和海水化学资源综合利用技术。

③在环境领域，强调了海洋生态与环境保护主题。将重点开发海洋生态与环境监测技术和设备，加强海洋生态与环境保护技术研究，发展近海海域生态与环境保护、修复及海上突发事件应急处理技术，开发高精度海洋动态环境数值预报技术。在制造业领域，提出要加强大型海洋工程技术与装备的研究开发。

④在基础研究方面，面向国家重大战略需求的基础研究领域，关注海洋资源可持续利用与海洋生态环境保护在人类活动对地球系统的影响机制研究中的

作用，海—陆—气相互作用与亚洲季风系统变异及其预测，中国近海—陆地生态系统碳循环过程等在全球变化与区域响应中的作用。

《全国科技兴海规划纲要（2008—2015年）》定位于国家级专项规划，是促进全国海洋科技成果转化和产业化的宏观指导性文件；是连接海洋科技与海洋经济发展的桥梁、纽带和平台，涵盖科技资源转化为经济资源、知识价值转化为经济价值、管理效益转化为经济效益、生态安全转化为经济安全的科技活动；是国家海洋科技创新体系的基础和重要组成部分。它的实施标志着我国海洋经济发展模式即将发生重大转变，即从资源依赖型向技术带动型转变、从数量增长型向生态安全和产品质量安全型转变、从分散自发型向区域统筹型转变、从规模扩张向增强产业核心竞争力转变。重点任务如下：

①加速海洋科技成果转化，促进海洋高新技术产业发展围绕海洋产业竞争能力和发展潜力，优先推动海洋关键技术成果的深度开发、集成创新和转化应用，鼓励发展海洋装备技术，促进产业升级，培育新兴产业，促进海洋经济从资源依赖型向技术带动型转变。

②加快海洋公益技术应用，推进海洋经济发展方式转变。围绕海洋生态环境保护与开发协调发展，重点实施节能减排、海洋生态环境保护与修复、基于生态系统的海洋管理等技术集成开发与应用推广，形成海洋管理与生态环境保护技术应用体系，不断提高海洋保护和管理水平。

③加快海洋信息产品开发，提高海洋经济保障服务能力。围绕海洋开发的生态环境和生命财产安全，集成海洋监测、信息、预报等技术，形成业务化示范系统，为海洋工程、海洋交通运输、海洋渔业、海洋旅游、海上搜救、海洋管理等提供各种信息服务系统和产品，推动海洋信息产业发展。

④构建科技兴海平台，强化科技兴海能力建设。充分利用国家、部门、地方的涉海科技基础条件平台，结合企业的科技开发基地和试验场，根据科技兴海区域发展目标和科技能力，建设一批成果转化与推广平台、信息服务平台、环境安全保障平台、标准化平台和示范区（基地、园区），形成技术集成度高、带动作用强、国家和地方结合、企业逐步为主体的科技兴海平台和示范区网络。

⑤实施重大示范工程，带动科技兴海全面发展。按照科技兴海的总体目标和海洋产业的发展需求，通过多种投资方式和强化投入，实施科技兴海专项示范工程，带动沿海地区科技兴海工作全面发展，促进海洋经济又好又快发展。

二、创新驱动战略

1. "十二五"期间

2011年发布的《国家"十二五"海洋科学和技术发展规划纲要》明确了"十二五"期间我国海洋科学和技术的发展思路、总体目标和重点任务，其意义十分重大。海洋科技发展定位于大力提高海洋科技自主创新能力，努力拓展海洋发展空间，引领和支撑海洋经济和海洋事业科学发展；提出了未来5年海洋科技事业的发展方针、目标和重点任务。至此，海洋发展战略发生重大变化，即海洋科技从"十一五"的支撑海洋经济和海洋事业发展为主转向引领和驱动海洋经济和海洋事业科学发展。

该规划要求紧紧把握中央十七届五中全会及"十二五"国民经济社会发展规划对海洋工作的总体部署这条主线。同时，围绕主线设置规划目标、部署重点任务。坚持"两个统筹考虑"：一是统筹考虑海洋科技区域布局，即统筹近海、深远海和极地海洋科技发展，同步规划、同步部署；二是统筹考虑全社会的海洋科技资源，促进国家涉海部门间、国家与地方海洋科技资源的高效配置、集成和共享。突出"三种基本需求"：突出促进科技成果转化为现实生产力，支撑加快海洋经济发展方式转变的基本需求；突出保障海洋安全、维护海洋权益、拓展海洋发展能力的基本需求；突出提升原始创新和自主创新能力，增强海洋科技长远发展能力，推动海洋经济社会发展尽快走上创新驱动、内生增长的轨道的基本需求。着力支撑"六种能力"：以海洋科技的大发展，努力提升海洋领域基础性、前瞻性、关键性技术研发能力，尽快使我国海洋科技水平进入世界先进行列；提升海洋资源开发保护和综合管理的管控能力，提升海洋防灾减灾能力，支撑加快海洋经济发展方式转变；提升极地大洋考察能力、海洋维权执法能力和国际海洋事务交流合作及磋商能力，有效维护海洋权益，保障海洋通道安全。

2013年习近平总书记在中央政治局第八次集体学习时讲话进一步指出，"发展海洋科技，着力推动海洋科技向创新引领型转变""建设海洋强国必须大力发展海洋高新技术""必须依靠科技进步和创新，努力突破制约海洋经济发展和海洋生态保护的科技瓶颈""要搞好海洋科技创新总体规划，重点在深水、绿色、安全的海洋高技术领域取得突破。尤其要推进海洋经济转型过程中急需的核心技术和关键共性技术的研究开发"。

在国家海洋战略的指导下，"十二五"时期，海洋经济总体保持良好发展态势，结构调整步伐加快，海洋经济在拓展发展空间、建设生态文明、加快动力转换、保持经济持续稳定增长中发挥了重要作用。

2. "十三五"期间

科技创新是海洋经济发展的重要支撑，更是新旧动能转换、经济转型的驱动力。我国海洋科技自主创新能力不断加强，海洋基础性、前瞻性、关键性技术研发能力进一步提升，尤其是海洋探测及研究应用能力、海洋资源开发利用能力，海洋科技综合实力迅速提升，部分领域及管件技术甚至达到世界领先水平，海洋科技创新已从"量的积累"进入局部领域"质的突破"阶段。为贯彻落实《国家创新驱动发展战略纲要》和《国家中长期科学和技术发展规划纲要（2006—2020年）》，建设海洋强国，国家制定了一系列重大海洋科技领域的发展规划，初步形成了指导、规范全国海洋科技发展的规划体系（见表6-1）。

表6-1 中国重要海洋科技政策

时间	重要纲领	主要内容
2016年3月	《中华人民共和国国民经济和社会发展第十三个五年规划纲要》	发展海洋科学技术，重点在深水、绿色、安全的海洋高技术领域取得突破。加强海洋资源勘探与开发，深入开展极地大洋科学考察
2016年5月	《中国制造2025》	到2025年，中国将形成具有国际竞争力的较完善的能源装备产业体系，引领装备制造业转型升级
2016年8月	《"十三五"国家科技创新规划》	对中国未来5年科技的创新做出系统谋划和前瞻布局，对中国深海技术、海洋农业技术、海上风电技术、船舶制造技术以及海洋领域的基础科研进行了规划和部署
2016年12月	《可再生能源发展"十三五"规划》《海洋可再生能源发展"十三五"规划》	"十三五"时期，将以显著提高海洋能装备技术成熟度为主线，着力推进海洋能工程化应用。到2020年海洋能开发利用水平显著提升，科技创新能力大幅提高，核心技术装备实现稳定发电，形成一批高效、稳定、可靠的技术装备产品，工程化应用初具规模，标准体系初步建立
2016年12月	《全国科技兴海规划（2016—2020年）》	提出中国到2020年科技兴海的总体目标和重点任务
2016年12月	《全国海水利用"十三五"规划》	"十三五"时期要扩大海水利用应用规模，提升海水利用创新能力。到2020年，海水利用实现规模化应用，自主海水利用核心技术、材料和关键装备实现产品系列化，产业链条日趋完备，标准体系进一步健全，国际竞争力显著提升

时间	重要纲领	主要内容
2016年12月	《"十三五"国家战略性新兴产业发展规划》	要超前布局空天海洋技术，打造未来发展新优势。推进卫星全面应用。增强海洋工程装备国际竞争力，推动海洋工程装备向深远海、极地领域发展。发展海洋创新药物。大力推动海水资源综合利用。加快海水淡化及利用技术研发和产业化，提高核心材料和关键装备的可靠性、先进性和配套能力
2017年1月	《"十三五"生物产业发展规划》	支持具有自主知识产权、市场前景广阔的海洋创新药物，构建海洋生物医药中高端产业链。开发绿色、安全、高效的新型海洋生物功能制品。深度挖掘海洋生物基因资源。推动海洋生物材料等规模化生产和示范应用
2017年5月	《"十三五"海洋领域科技创新专项规划》	明确了"十三五"期间海洋领域科技创新的发展思路、发展目标、重点技术发展方向、重点任务和保障措施

三、海洋经济的深度调整

"十三五"时期随着全球治理体系深刻变革，生产要素在全球范围的重组和流动进一步加快，新一轮科技革命和产业变革正在全球范围内孕育兴起，海洋经济发展进入结构深度调整、发展方式加快转变的关键时期。坚持陆海统筹，紧紧抓住"一带一路"建设的重大机遇，为海洋经济在更广范围、更深层次上参与国际竞争合作拓展了新空间。

1. "一带一路"倡议

2014年5月21日，习近平总书记在亚信峰会上做主旨发言时指出：中国将同各国一道，加快推进"丝绸之路经济带"和"21世纪海上丝绸之路"建设，更加深入参与区域合作进程，推动亚洲发展和安全相互促进、相得益彰。

2015年3月28日，经国务院授权，国家发展改革委、外交部、商务部联合发布《推动共建丝绸之路经济带和21世纪海上丝绸之路的愿景与行动》。《推动共建丝绸之路经济带和21世纪海上丝绸之路的愿景与行动》明确了"一带一路"遵循开放合作、和谐包容、市场运作和互利共赢四项基本原则，以"五通"，即政策沟通、设施联通、贸易畅通、资金融通、民心相通为主要内容，全方位推进务实合作，打造政治互信、经济融合、文化包容的利益共同体、责任共同体和命运共同体。指出"21世纪海上丝绸之路"的两个重点合作方向，分别是从中国沿海港口过南海到印度洋并延伸至欧洲，从中国沿海港口经南海到南太平洋。同时明确指出沿海和港澳地区的发展优势：利用长三角、珠三角、海峡西岸、环渤海等经济区开放程度高、经济实力强、辐射带动作用大的优势，支持福建建设21世纪海上丝绸之路核心区，打造粤港澳大湾区。充分发挥深圳前海、广州南沙、珠海横琴、福建平潭等开放合作区作用，深化与港澳台合作，推进浙江海洋经济发展示范区、福建海峡蓝色经济试验区和舟山群岛新区建设，加大海南国际旅游岛开发开放。加强上海、天津、宁波—舟山、广州、深圳、湛江、汕头、青岛、烟台、大连、福州、厦门、泉州、海口等沿海城市港口建设，强化上海、广州等国际枢纽机场功能。发挥海外侨胞以及香港、澳门特别行政区的独特优势作用，积极参与和助力"一带一路"建设。为台湾地区参与"一带一路"建设作出妥善安排。

2016年8月习近平总书记在"一带一路"建设工作座谈会上对推进"一带一路"建设提出8项要求：一是要切实推进思想统一，坚持各国共商、共建、共享，遵循平等、追求互利，牢牢把握重点方向，聚焦重点地区、重点国家、重点项目造福沿线各国人民。二是要切实推进规划落实，周密组织、精准发力，进一步研究出台推进"一带一路"建设的具体政策措施，创新运用方式、完善配套服务，重点支持基础设施互联互通、能源资源开发利用、经贸产业合作区建设、产业核心技术研发支撑等战略性优先项目。三是要切实推进统筹协调，坚持陆海统筹，坚持内外统筹，加强政企统筹，鼓励国内企业到沿线国家投资经营，也欢迎沿线国家企业到我国投资兴业，加强"一带一路"建设同京津冀协同发展、长江经济带发展等国家战略的对接，同西部开发、东北振兴、中部崛起、东部率先发展、沿边开发开放的结合，带动形成全方位开放、东中西部联动发展的局面。四是要切实推进关键项目落地，以基础设施互联互通、产能合作、经贸产业合作区为抓手，实施好一批示范性项目。五是要切实推进金融创新，创新国际化的融资模式，深化金融领域合作，打造多层次金融平台，建立服务"一带一路"建设长期、稳定、可持续、风险可控的金融保障体系。六是要切实推进民心相通，弘扬丝路精神，推进文明交流互鉴，重视人文合作。七是要切实推进舆论宣传，积极宣传"一带一路"建设的实在成果，加强"一带一路"建设学术研究、理论支撑、话语体系建设。八是要切实推进安全保障，完善安全风险评估、监测预警、应急处置，建立健全工作机制。

2. 生态文明建设

2012年11月召开的党的十八大，把生态文明建设纳入中国特色社会主义事业"五位一体"总体布局，首次把"美丽中国"作为生态文明建设的宏伟目标。十八大审议通过《中国共产党章程（修正案）》，将"中国共产党领导人民建设社会主义生态文明"写入党章，作为行动纲领。2013年11月十八届三中全会提出加快建立系统完整的生态文明制度体系；加快建立生态文明制度，健全国土空间开发、资源节约利用、生态环境保护的体制机制，推动形成人与自然和谐发展现代化建设新格局。2014年10月十八届四中全会要求用严格的法律制度保护生态环境。2014年新修订的《中华人民共和国环境保护法》已于2014年4月24日经十二届全国人大常委会第八次会议审议通过并于2015年1月1日起施行，该法第二十九条规定国家在重点生态功能区、生态环境敏感区和脆弱区等区域划定生态保护红线，实行严格保护。2015年10月十八届五中全会，提出"五大发展理念"，将绿色发展作为"十三五"乃至更长时期经济社会发展的一个重要理念，成为党关于生态文明建设、社会主义现代化建设规律性认识的最新成果。

2015年国家海洋局印发《国家海洋局海洋生态文明建设实施方案（2015-2020年）》（以下简称《方案》），为"十三五"期间海洋生态文明建设明确了路线图和时间表。该《方案》着眼于建立基于生态系统的海洋综合管理体系，坚持"问题导向、需求牵引""海陆统筹、区域联动"的原则，以海洋生态环境保护和资源节约利用为主线，以制度体系和能力建设为重点，以重大项目和工程为抓手，旨在通过5年左右的努力，推动海洋生态文明制度体系基本完善，海洋管理保障能力显著提升，生态环境保护和资源节约利用取得重大进展，推动海洋生态文明建设水平在"十三五"期间有较大水平的提高。

该《方案》提出实施20项重大工程项目：（1）在治理修复类工程项目中，包括"蓝色海湾"综合治理工程和"银色海滩"岸滩修复工程、"生态海岛"保护修复工程等，改善16个污染严重的重点海湾和50个沿海城市毗邻重点小海湾的生态环境质量，保护修复受损岸滩和海岛。（2）在能力建设类工程项目中，包括海洋环境监测基础能力建设、海域动态监控体系建设等，提出了扩展网络、丰富手段、增强信息化的建设方向。（3）在统计调查类工程项目中，包括海洋生态、第三次海洋污染基线、海域现状调查与评价、海岛统计4项专项调查任务，为制定有针对性的政策措施提供重要决策支撑。（4）在示范创建类工程项目中，包括海洋生态文明建设示范区工程、海洋经济创新示范区工程、入海污染物总量控制示范工程、海域综合管理示范工程等，规划到2020年，新建成40个国家级海洋生态文明建设示范区。截至目前，国家级海洋生态文明建设示范区已建立24个，包括山东省威海市、日照市、长岛县，浙江省象山县、玉环县、洞头县，福建省厦门市、晋江市、东山县，广东省珠海横琴新区、南澳县、徐闻县、辽宁省盘锦市、大连市旅顺口区、山东省青岛市、烟台市、江苏省南通市、东台市、浙江省嵊泗县、广东省惠州市、深圳市大鹏新区、广西壮族自治区北海市、海南省三亚市和三沙市。

2017年12月党的十九大报告进一步提高了生态文明建设的战略地位，强调"建设生态文明是中华民族永续发展的千年大计"，将"人与自然和谐共生"作为新时代坚持和发展中国特色社会主义的基本方略之一。

3. 海洋经济"十三五"规划

2017年5月为贯彻落实海洋强国战略、促进海洋经济发展，根据《中华人民共和国国民经济和社会发展第十三个五年规划纲要》，国家发展改革委、国家海洋局会同有关方面编制印发《全国海洋经济发展"十三五"规划》（以下简称《规划》）。该《规划》在总体要求中明确提出要坚持"改革创新，提质增效；陆海统筹，协调发展；绿色发展，生态优先；开放拓展，合作共享"四个基本原则。四项原则将创新、协调、绿色、开放、共享五大发展理念贯穿于该《规划》始终，着力突出把握、引领和服务海洋经济发展新常态。

（1）在改革创新、提质增效方面。落实国家创新驱动发展战略，以供给侧结构性改革为核心，聚焦海洋经济重点领域和关键环节，引导海洋新技术转化应用和海洋新产业、新业态形成，并通过"智慧海洋"工程等培育海洋经济增长新动力，进而有效推动海洋经济体制机制创新，提升海洋经济发展质量和效益。把完善市场化资源配置、理顺海洋产业发展体制机制、加快投融资体制改革、推动海洋信息资源共享等方面作为深化改革的重点加以明确。

（2）在陆海统筹、协调发展方面。该《规划》将陆海统筹作为编制的重要原则，用"三个统筹"全面阐述陆海统筹的要求，即统筹陆海资源配置、产业布局、生态保护、灾害防治协调发展，统筹沿海各区域间海洋产业分工与布局协调发展，统筹海洋经济建设与国防建设融合发展。这"三个统筹"涉及资源开发、产业布局、交通建设、生态环境保护等方方面面。

（3）在绿色发展、生态优先方面。实现绿色发展、生态优先，就是要将生态环境保护作为海洋经济发展的前提条件，加强海洋资源集约节约利用，强化海洋环境污染源头控制，切实保护海洋生态环境，始终坚持开发与保护并重，与生态文明建设互促共进，不断增强海洋经济可持续发展能力。

（4）在开放拓展、合作共享方面。从国家发展与安全的战略高度以及全面建成小康社会的要求出发，建立全方位开放的发展模式，通过主动参与国际海洋经济合作，紧紧融入和服务"21世纪海上丝绸之路"建设，构建利益共同体，逐步提升海洋产业在全球价值链中的地位与作用。同时通过交流与合作，共同发展海洋经济，享用海洋资源创造的经济成果，提高人类福祉。

四、法治海洋

法治海洋是建设海洋强国战略的重要组成部分。法治海洋战略将进一步保障关心海洋、认识海洋、经略海洋的发展理念的稳步推进。1982年《联合国海洋法公约》颁布以后，我国海洋立法的重点是将公约规定的沿海国所享有的权利转化为国内海洋立法，以巩固作为公约缔约国的既得利益。此后，1992年的《中华人民共和国领海及毗连区法》和1998年的《中华人民共和国专属经济区和大陆架法》等侧重维护国家海洋权益。随着改革开放及海洋经济的迅速发展，关于海洋资源环境的开发、管理和保护的立法问题才逐渐被提上国家立法的议程。[32]

2016年，国家海洋局按照中央决策部署和生态文明体制改革要求，积极推动海洋领域立法工作。《中华人民共和国深海海底区域资源勘探开发法》和《中华人民共和国海洋环境保护法（修正案）》经全国人大常委会审议通过。前者规范了深海海底资源勘探开发及相关环境保护、科学技术研究活动，明确了海洋主管部门对深海资源勘探、开发和调查活动的监管职责；后者将近年来海洋生态文明建设的有效做法和成功实践固化为法律，赋予海洋部门更多的职责任务和制度抓手。配合出台《最高人民法院关于审理发生在我国管辖海域相关案件若干问题的规定》，为海洋主管部门实施海域综合管理，维护海上秩序、海洋安全和海洋权益提供依据。《中华人民共和国海洋基本法》被列入全国人大立法规划和国家安全立法规划，《中华人民共和国海洋基本法（研拟稿）》、释义、编制说明及25个重点问题论证报告已报中央有关部门。《中华人民共和国海洋石油勘探开发环境保护管理条例实施办法（2016年修正）》已通过国务院法制办审议。海洋观测资料管理办法、海洋观测站点管理办法已报国土资源部审查。海洋灾害防御、海洋调查、海水利用、南极立法等有序推进。

重要制度建设取得突破性进展。中央全面深化改革领导小组审议通过《海岸线保护与利用管理办法》《围填海管控办法》。《海岸线保护与利用管理办法》落实海洋生态红线管控要求，将海岸线分为严格保护、限制开发和优化利用三类，从保护、节约利用、整治修复三个方面提出具体要求。《围填海管控办法》转变用海管理模式，强化围填海总量控制，加强监管，严格控制围填海活动对海洋生态环境的不利影响。经国务院同意，印发《海洋督察方案》《无居民海岛开发利用审批办法》。2017年国务院同意印发实施《海洋督察方案》，方案规定国家海洋局代表国务院对沿海地方政府关于国家海洋资源环境重大决策部署、涉海法律法规的实施情况进行督察，并明确了督察方式、督察程序及责任追究。《无居民海岛开发利用审批办法》落实海洋生态文明建设要求，明确了无居民海岛开发利用的基本原则、审批权限和程序，推动建立绿色环保、低碳节能、集约节约的生态海岛开发利用模式。根据中央有关要求，国家海洋局印发《关于全面建立实施海洋生态红线制度的意见》，对海洋生态红线划定工作的基本原则、组织形式、管控指标和具体措施作出规定。国家海洋局印发《关于加强滨海湿地管理与保护工作的指导意见》，对海洋主管部门开展受损滨海湿地生态系统修复、严格开发利用管理、加强监测提出明确要求。

第七章　中国沿海省（自治区、直辖市）海洋经济发展现状

在中国东部沿海，从北至南分布着11个省、自治区和直辖市（不含香港、澳门两特区以及台湾），它们依托滨海区位优势和资源优势，经年累月深耕海洋，大力发展海洋经济，造就了门类众多、规模庞大的海洋产业体系，形成了朝气蓬勃的中国东部沿海海洋经济带，成为推动中国国民经济全面可持续发展日益重要的战略空间。

一、辽宁省

辽宁省位于中国东北地区南部，南临黄海、渤海，是东北地区唯一的沿海省份，是东北三省和内蒙古连接中国东部沿海的海上通道，也是这些省份通过海洋走向世界的重要门户。

（一）海洋资源

辽宁省海域面积15.02万平方千米，其中渤海部分7.83万平方千米，北黄海

7.19万平方千米。海岸线东起鸭绿江口，西至山海关老龙头，大陆海岸线长2178千米，占中国大陆海岸线总长的12%。近海分布大小岛屿506个，岛屿面积187.7平方千米，岛屿岸线长622千米，占中国岛屿岸线总长的4.4%。

依托漫长的海岸线和辽阔的海域空间，辽宁省在海洋科研、海洋渔业、港口、海洋石油、滨海旅游和海洋化工等领域形成了独特的资源优势。拥有多家实力突出的海洋科研机构，主要包括大连海事大学、大连海洋大学、大连理工大学、东北大学等。港口物流较发达，主要港口有大连港、丹东港、营口港、锦州港、葫芦岛港等，其中大连港已成长为世界性的著名大港，2014年货物吞吐量达4.07亿吨，居国内港口第7位，世界港口第10位。

辽宁省海域地理位置优越，适宜海洋生物生长，历史上海洋渔业资源非常丰富，经济价值较高的鱼类有117种，虾类有20余种，蟹类有10余种，贝类有20余种，主要海产品有大黄鱼、小黄鱼、带鱼、蛤、鲍鱼、海参、对虾、海蜇、扇贝、海带等。由于常年过度捕捞、加上环境污染，辽宁省海洋渔业资源现已遭受严重破坏，曾经"鱼肥虾美"的景象不复存在。

（二）海洋经济

依托独特丰富的海洋资源优势，经长期耕耘，辽宁省已成为中国重要的海洋经济发展基地。特别是2009年"辽宁沿海经济带"上升为国家战略以来，在国家和地方一系列政策措施的推动下，辽宁省海洋经济开始进入蓬勃发展时期。

目前，辽宁省已构建起以大连为核心，以大连—营口—盘锦为主轴，以渤海翼（盘锦—锦州—葫芦岛渤海沿岸）和黄海翼（大连—丹东黄海沿岸及主要岛屿）为两翼的"一核一轴两翼"海洋经济发展空间格局，培育形成了包括海洋渔业、海洋交通运输业、滨海旅游业、船舶与海工装备业、海洋化工业和海洋油气业的优势海洋产业体系。

大连在海洋科研、船舶与海工装备、石化产业等方面已确立了领先优势，其海工装备制造产业无论在企业规模、经济总量，还是在研发能力和新产品开发上，均处于国内领先水平。沿大连—营口—盘锦主轴，海洋船舶、海洋油气、海洋化工、海洋交通运输得到迅速发展。锦州的炼化和石油储运业，葫芦岛的石油化工、海洋船舶，丹东的海洋交通运输、滨海旅游等都已初具规模。

2015年，辽宁省海洋经济生产总值达3529.2亿元，占全省国民生产总值的15.57%；其中第一产业、第二产业和第三产业生产总值构成为11.5%、35%和53.5%。海洋交通运输业、滨海旅游业等第三产业的拉动和引领作用日益突出，港口货物吞吐量预计可达10亿吨以上；海洋电力、海水综合利用等新兴产业稳步发展；邻海新能源、石化产业、海洋装备制造等产业聚集集约发展。

海洋产业（包括主要海洋产业和海洋科研教育管理服务业）和海洋相关产业的构成为64%（其中主要海洋产业占46.3%，海洋科研教育管理服务业占17.7%）和36%，可见海洋经济在辽宁省经济发展中的地位和作用比较突出。随着"东北地区老工业基地振兴战略"和"一带一路"建设的推进，辽宁省海洋经济发展迎来了更好的发展良机，海洋经济发展规模和质量效益都将有更大的提升。

辽宁省海洋经济发展面临的主要威胁是海洋渔业资源衰退和海洋环境污染严重。由于产业和人口分布高度集中于沿海区域，因此陆源污染居高不下，海洋生态环境压力较大。近年发布的《辽宁省海洋环境状况公报》指出，辽宁省海域环境状况虽趋于好转，但海洋污染形势依然严峻。针对海洋渔业资源衰退问题，辽宁省正在积极通过底播增殖、增殖放流和打造人工鱼礁等途径推进海洋牧场建设，取得了显著的成效。

二、天津市

天津市地处华北平原东北部，东临渤海，北枕燕山，北与首都北京毗邻，东、西、南与河北省接壤。天津市居于环渤海经济圈的中心，是中国北方最大的沿海开放城市，也是中国海洋经济重镇。海洋经济在天津市经济社会发展中具有突出的地位。

（一）海洋资源

天津地处渤海沿岸，而渤海自古就有"天然鱼池"之美誉，盛产各种海产品。天津市海岸线长约153.67千米，海域面积约3000平方千米，滩涂资源面积370平方千米。天津市地处渤海沿岸，盛产多种鱼、虾、贝类水产品，海盐资源、石油和天然气资源以及海洋能源等极为丰富。

天津的海盐资源比较丰富，是我国主要的海盐产区之一。目前天津拥有的盐田总面积为27277公顷，在沿海各省市中位居前列，长芦塘沽盐场古今闻名。天津的海洋油气资源丰富，已经探明的海洋石油地质储量40亿吨，海洋天然气地质储量1500亿立方米，在全国名列前茅。目前天津的大港油田和渤海油田是国家重点开发的油气田。海洋油气业、海洋化工业等主要海洋产业发展水平在全国位居前列，海洋经济成为拉动经济发展的新增长点和重要引擎。

天津市塘沽海洋高新技术产业开发区作为全国唯一的国家级海洋高新技术开发区，近年来借助国家推进"海洋强国"建设的宏观环境和滨海新区开发开放的重大政策优势，海洋科技引进吸收和自主创新力度不断加大，涌现了一批海洋科技创新企业，取得大量先进的海洋科技研发成果。随着这些科技成果的陆续投产，龙头企业不断聚集，目前已有20多家海洋高技术产业化示范基地。2014年，天津又被列为8个国家海洋高技术产业基地试点城市之一，将重点发展海洋高端装备制造、海水利用、深海战略资源勘探开发和海洋高技术服务、海洋医药和生物制品等产业，海洋自主创新能力将不断提高。

海洋科技创新平台建设方面，天津拥有国家级和省部级海洋科研院所27家，国家级和省部级重点实验室54个，国家级工程（技术）研究中心33个，科技产业化基地24个，国家级和市级企业技术开发中心449个，博士后流动站、工作站229个。天津大学、天津科技大学等高校均设有涉海专业。近年来，天津取得了一批具有国内外先进水平的海洋科技成果，海洋工程、海水淡化、海洋环境监测、海洋油气开采、海上平台等技术处于领先地位。

（二）海洋经济

天津市区位优势明显，海洋资源丰富，海上交通运输、海洋渔业、海洋盐业等海洋产业较发达，具备海洋经济发展的良好条件。2006年天津滨海新区成立，为区域海洋资源开发和海洋经济发展带来了重大机遇，不仅带动了滨海铁路、公路及港口等基础设施建设，而且促进了人口向海集聚和城市临海发展，推动了海洋交通运输、滨海旅游、海洋油气和海洋化工等海洋产业的迅速发展壮大。

为充分发挥天津市城市综合优势，深度挖掘天津市海洋开发潜能，2013年国务院批准启动实施"天津海洋经济科学发展示范区"建设。这是2010年以来，继山东半岛蓝色经济区、浙江海洋经济发展示范区、广东海洋经济综合试验区、福建海峡蓝色经济试验区后，被国务院确定的第五个全国海洋经济发展试点地区。《天津海洋经济科学发展示范区规划》提出重点打造六大海洋产业集聚区域，推进形成"一核、两带、六区"的海洋经济总体发展格局。"一核"即天津滨海新区，"两带"即沿海蓝色产业发展带、海洋综合配套服务产业发展带，"六区"即南港工业基地、临港经济集聚区域、天津港主体区域、塘沽海洋高新技术产业基地、滨海旅游区域、中心渔港。

2015年，天津市以建设海洋经济科学发展示范区为龙头，主动适应经济发展新常态，抢抓五大战略机遇积极应对各种挑战，全市海洋经济运行总体平稳。天津市海洋经济生产总值达4923.5亿元，占全省国民生产总值的29.8%；其中第一产业、第二产业和第三产业生产总值构成为0.3%、56.9%和42.8%。海洋产业（包括主要海洋产业和海洋科研教育管理服务业）和海洋相关产业的构成为56.2%（其中主要海洋产业占50.2%，海洋科研教育管理服务业占6%）和43.8%。

其中海洋渔业实现快速增长，远洋渔业发展势头良好；海洋油气业产量保持增长，但受国际原油价格持续走低的不良影响，全年实现增加值较上年有所下降；海洋生物医药业保持稳定，但受市场需求结构调整影响，产品产量出现小幅下滑；海洋电力业发展势头良好，天津大神堂风电场、大洪马棚口风电场三期陆续投产发电；推进海水淡化与综合利用产业链建设，促进产学研深度融合，海水利用业保持稳定增长；海洋船舶工业淘汰落后产能，高技术和高附加值船舶订单形成新的产能，产业结构优化效果显现，但市场形势依然严峻；海洋工程建筑业快速发展，国家海洋博物馆、大港港区深水航道等重大海洋工程项目稳步推进，各涉海功能区一批重大项目启动建设；海洋交通运输业发展稳中有进，海洋装卸、仓储、物流等方面发展向好。天津港航道达到30万吨级，集装箱吞吐量1411.1万标准箱，港口货物吞吐量5.4亿吨，居全球第4位。其对区域经济的辐射力、影响力和带动力不断增强。目前天津港辐射带动面积占我国面积的52%，与其有贸易往来的国家超过180个，港口超过500个；以滨海旅游区、东疆景区、中心渔港三大综合性旅游区域为支撑，形成了集休闲娱乐、垂钓观光、海鲜餐饮、商贸会展、主题旅游和精品购物产业为一体的发展格局。滨海旅游基础设施不断完善，邮轮、游艇、休闲渔业等新兴旅游业态规模不断壮大，海洋文化节庆活动丰富多彩，滨海旅游市场持续升温。天津国际邮轮母港首次实现全年运营，接待到港邮轮97艘次，滨海旅游业保持快速增长。

海洋经济管理也取得成效。国家海洋局印发的《国家海洋局关于支持天津建设海洋强市的若干意见》，从9个方面对天津市提出30条支持政策。海水资源综合利用循环经济、海洋工程装备产业、海洋服务业和海洋生物医药产业4个专项规划以天津海洋经济科学发展示范区建设领导小组名义印发实施。天津市海洋局、财政局、发展改革委、科委、教委、人力社保局、金融局、国土房管局8家单位共同出台实施财政、产业、科技、教育人才、金融、土地和用海7

方面促进海洋经济发展的支持政策。加快实施海洋经济创新发展区域示范专项项目，编制了《天津市海洋经济创新发展区域示范实施方案》，广泛征集创新发展区域示范"十三五"涉海项目，整理形成2015年涉海项目库。2015年积极申报中央支持资金，获得中央区域示范专项资金支持2.28亿元，是天津市海洋经济项目争取国家支持最多的一年。天津市区域示范专项工作和项目进展在国家财政部和国家海洋局组织的考核中被评为优秀。积极推动海洋金融创新，鼓励金融机构加大对海洋经济的支持力度，探索建立天津市海洋经济发展引导基金，编制了《天津市海洋经济发展引导基金设立构想》《天津市海洋经济发展引导基金设立方案》，经领导小组审议通过。海洋经济运行监测与评估系统一期运行良好，正在推进系统二期建设。

三、河北省

河北省地处华北地区的腹心地带，北京、天津两市的外围，东北濒临渤海，是"环渤海经济圈"和"京津冀都市圈"的重要组成部分，是京津城市功能拓展和产业转移的重要承接地，也是华北、西北地区重要的出海口和对外开放门户。

（一）海洋资源

河北省所辖秦皇岛、唐山、沧州三市环海，海岸线长487千米，有深水岸线44.5千米，其中可建25万吨级超深水泊位岸线8千米。海域面积7000多平方千米，海岛13个，海岛面积36.3平方千米。海洋资源禀赋较好，河北省海域是鱼虾的主要产卵地和索饵场，共有海洋生物650种，占全国海洋生物总数的3.2%；在游泳生物中，鱼类资源约有4.55万吨，全年无脊椎动物资源量约为6825吨，最大可持续产量3400吨；潮间带生物中，具有经济价值的现有主要贝类7种，资源量5.63万吨。河北沿海有秦皇岛港、唐山港、黄骅港三大港口，目前拥有泊位163个，其中万吨级泊位121个；设计吞吐能力56036万吨。

河北省沿海地区日照强、蒸发量大、降水量小，近岸海域海水盐度高，唐山、沧州有2131平方千米的地下苦卤资源。海盐产量约占全国海盐产量的21.2%，居沿海第2位。渤海沿岸和海域蕴藏有丰富的油气资源，冀东、大港和渤海三大油田主要分布在河北省海域。

河北省沿海属于暖温带湿润大陆性季风气候，四季分明，地貌类型多样，山海相连，有基岩、砂质和淤泥岸线，岸线类型齐全，景色优美，人文资源丰富，构成了沿海独特的旅游资源。现有秦皇岛山海关、港城、滨海及昌黎黄金海岸和唐山湾"三岛"等5个风景区。河北省海洋产业总产值中，交通运输、渔业、旅游业占有较大比重，其次为盐化工业。

2006—2014年，河北涉海就业人员总数逐年增加，保持稳定增长，2014年比2006年增长20%，年均增长2.3%，吸纳就业能力增强；就业人员总规模和占地区就业人员比重持续增加，涉海就业人员主要从事养殖、交通运输、旅游等多个行业。2014年河北省海洋科研机构科技活动人员达到515人，科研机构科技经费收入达到14281.8万元，是2006年的3.47倍。全省海洋科研机构科技活动人员中，博士学历人员比例为9.5%，硕士学历人员比例为27%。

（二）海洋经济

在建设海洋强国和沿海地区率先发展战略的推动下，河北省海洋经济运行总体平稳，传统海洋产业规模不断扩大，海洋工程装备制造业、海水利用业等新兴产业快速发展，海洋经济对国民经济的支撑作用日趋明显。与环渤海其他省市比较来看，2015年海洋生产总值对河北全省经济总量的贡献率仅为7.1%，同天津的29.82%、山东的19.7%和辽宁的15.5%相比偏低，河北省海洋第一、第二、第三产业结构比重为3.6∶46.4∶50，产业结构比重逐年调整，但现有产业结构仍影响着海洋产品和服务，使得海洋产品和服务难以满足经济社会发展的需求，导致与市场需求在一定程度上不协调。

河北省海洋经济发展较好，在滨海旅游业、海洋渔业、海盐及海洋化工业、海洋交通运输业等产业领域形成了独特的优势。2011年国务院批准实施"河北沿海地区发展规划"，促使河北省海洋经济进入快速发展轨道。目前，河北省已形成了"三区、三核"的海洋经济发展格局。"三区"产业发展布局为：秦皇岛海洋经济区，以滨海旅游业和装备制造业为发展重点；唐山海洋经济区，以钢铁、化工、物流业等临港工业为发展重点；沧州海洋经济区，以能源、化工、钢铁和装备制造为发展重点。"三核"指曹妃甸新区、渤海新区和北戴河新区，重点打造河北沿海重要的临港工业和海洋产业集聚区。

在国家和地方政策的推动下，河北省已初步搭建起包括港口及海洋交通运输、海洋渔业、海盐及海洋化工、滨海旅游业、海洋船舶工业、海洋生物利用等门类的海洋产业体系。但与中国沿海其他省份相比，河北省海洋经济还存在着一定的差距。全国海洋生物医药产业2015年增加值为985亿元，增速为

16.3%，而河北省海洋生物医药产业基本还是空白；滨海旅游业，特别是游轮游艇等新兴海洋旅游业发展缓慢，河北省海洋旅游业仍为传统观光旅游；河北省海洋船舶业仍以修造为主，没有跟上海洋船舶业转型升级的步伐，高附加值、高科技含量船舶产能占比较低。

2015年，《京津冀协同发展规划纲要》开始实施，一系列政策红利逐步向河北倾斜，产业、资金、技术和人才等要素陆续向河北沿海转移，为河北省海洋经济的更好更快发展提供了重大机遇。可以预见，在不久的将来，河北省海洋经济领域不仅会缩小与全国其他沿海省份的差距，还会在一些重要产业领域，如滨海休闲度假、港口与海上运输、海工装备等，培育形成特有的优势。

四、山东省

山东半岛位居我国东部沿海，黄河下游，所辖海域面积与陆地面积相当，既是我国最大的半岛，也是对外开放的重要窗口。既是京津唐地区重要的出海口，又是环黄渤海经济圈与长江三角洲的交汇点，还是环渤海经济圈的重要一翼。

（一）海洋资源

山东省海域横跨黄海和渤海，陆地海岸线总长3345千米，约占全国的1/6，海域面积16.9万平方千米，沿岸分布200多个海湾，以半封闭型居多，优质沙滩资源居全国前列，滩涂面积占全国的15%。500平方米以上的海岛320个，多数处于未开发状态。山东省海洋生物种类繁多，近海栖息和洄游的鱼虾类达260多种，具有经济价值的各类生物有600多种，其中重要的经济鱼类30多种，经济贝类30种，经济虾蟹20多种，经济藻类50多种，海洋捕捞产量一度居于全国首位。近海矿产资源丰富，海洋油气已探明储量23.8亿吨，中国第一座滨海煤田——龙口煤田累计查明资源储量9.04亿吨，海底金矿资源潜力在100吨以上，地下卤水资源已查明储量1.4亿吨。海上风能、地热资源开发价值大，潮汐能、波浪能等开发潜力巨大。沿海风光秀丽，气候宜人，适于滨海旅游业的发展。

山东省是中国海洋科技研发力量的主要聚集区，拥有国家驻山东及省属副县级以上涉海科研、教学机构60多个，主要海洋科研机构有中国海洋大学、中科院海洋所、国家海洋局第一海洋研究所、中国水产科学院黄海水产研究所、国土资源部青岛海洋地质研究所等，直接从事海洋科研人员超过1万名，占全国同类人员的40%多。山东省拥有着雄厚的海洋科技力量，并且这种力量正在转化为发展蓝色经济、建设海上粮仓的独特优势。历史上海带、对虾、扇贝、鲍鱼、海参、大菱鲆工厂化育苗及养成、海洋药物研发等重大技术突破，都出自山东省科研教学单位。另外，山东还承担了500多项"863"计划和国家自然科学基金海洋项目，取得了一系列具有原创性和处于国际前沿科研水平的成果。科技在山东海洋产业中的贡献率达50%以上。强化科技先导作用，是山东建设蓝色经济区的重要支撑。

（二）海洋经济

20世纪90年代，山东省开始实施"海上山东"建设战略。依靠海洋科技进步，海洋开发利用取得长足发展，海洋经济成效斐然。到21世纪初，基本形成了海洋经济的六个支柱产业，即海洋渔业、海洋交通运输业、海洋油气业、海洋船舶工业、海盐业、滨海旅游业，同时，海洋电力和海水利用、海洋化工、海洋药物、海洋工程建筑业等相关产业也初具规模。尤其值得一提的是，中国海水养殖的"鱼、虾、贝、藻、参"五次产业发展，被称为五次蓝色浪潮，皆发源于山东，成形于山东，并迅速从山东沿海推向全国1.8万多千米的海岸线。2015年，山东省海洋经济发展速度优于全省经济，也高于全国海洋经济增速，经济总产值继续位居全国第2位。其中海洋渔业、海洋盐业、海洋生物医药业、海洋交通运输业位居全国首位，海洋油气，海洋矿业、海洋化工、海洋工程建筑、滨海旅游等产业也均居于全国前列。

"黄河三角洲高效生态经济区""山东半岛蓝色经济区"两大区域性国家发展战略分别于2009年和2011年经国务院批复实施，为山东省海洋资源开发和海洋经济发展提供了新的战略契机。"海上粮仓"建设起步良好、成效显著。编制实施《山东省"海上粮仓"建设规划（2015—2020年）》，构建"三区三带、一极一网"的空间发展框架。2015年，省政府明确将海洋牧场建设纳入"粮食安全省长责任制"，设立3.2亿元"海上粮仓"建设投资基金，启动渔业资源修复等43个重点项目，高起点规划建设了10处陆基生态型标准化渔业基地、10处集中连片海洋牧场"生态方"、25处育繁推一体化遗传种业基地、15处省级休闲海钓示范基地和10处省级休闲渔业公园。创建了离岸自然发展、近岸融合发展、陆基标准化发展、内陆生态发展等四种模式，总结推广了泽潭、明波、海益等多个发展模板。在全国率先实施海洋牧场观测网建设，"透明海洋牧场"初见成效。2015年，山东省围绕"海上粮仓"建设总体目标，积极推进海洋牧场建设，重点打造生态型人工鱼礁，全年共新建海洋牧场项目47个，投放构件礁扶持建设石块礁36万空方，共投入海21.32万空方，海洋牧场建设资金25020万元，其中企业自筹资金17220万元，财政资金扶持资金7800万元，涉及海域面积2209公顷。2015年，山东省在全国首推海洋牧场信息化，开启"互联网+海洋牧场"模式。加快海洋牧场科研成果转化工作，搭建"科研单位+管理单位+建设单位"合创平台，组织中国海洋大学、中科院海洋研究所、中科院烟台海岸带研究所、山东省海洋生物研究院等科研院所联合开展"山东半岛近岸海域生态模拟试验"，综合开展生态型人工鱼礁研发、人工海藻场构建技术及应用模式研究、海洋牧场资源评估及可持续利用模式研究、立体生态方对岸线冲淤影响试验等，初步构建针对不同海域特点的典型海洋牧场建设技术，引领行业健康持续发展。

2015年，山东省海水产品总产量774.7万吨，同比增长3.8%。其中，因近海资源持续衰退，海洋捕捞2282万吨，同比下降0.6%；海水养殖499.6万吨，同比增长4.1%。远洋渔业发展迅猛，全省具有农业部远洋渔业资格企业36家，专业远洋渔船450艘、总吨位27.9万吨、总功率49.2万千瓦，全年实现产量46.9万吨，同比增长29%；产值50.9亿元，同比增长58%，创历史最高水平。

2015年放流数量再创新高，山东省共投入海洋增殖放流资金1.73亿元，其中省级以上放流资金1.45亿元（省财政资金8000万元，省海洋生态修复放流资金2000万元，中央转产转业资金1240万元，渤海种群恢复项目3292万元），计划放流各类海洋水产苗种63.6亿单位，同比增加7.2亿单位，实际放流69.7亿单位，同比增加17.1%，首次突破60亿大关。2015年，山东省休闲渔业产值达100多亿元。临沂市、威海市、高唐县分别荣获"中国休闲垂钓之都""中国休闲渔业之都"和"中国锦鲤第一县"称号。通过"生态礁+恋礁鱼"模式打造的优质钓场已初见成效，成为山东旅游新热点。2015年全年，15处省级休闲海钓基地共接待游客25.08万人，收入6073.2万元，同比增长66.6%和55.4%，钓得渔获量47.9万千克，拉动相关消费7.62亿元。

2015年，山东省海洋油气产量稳定、产值下降。由于国际油价大跌，海洋油气产值大幅下滑，其中增加值同比下降45.6%。受油价持续低迷影响，海洋油气业短期内难以走出低谷。海洋矿业增加值约为22亿元，同比增长近15.7%。莱州又发现两处大型海底金矿，金矿资源储量近800吨，若能有效开发，预计"十三五"期间海洋矿业产值、增加值有望超越福建，占全国首位。

近年来低钠盐、不含碘盐等新品种盐的需求增加，山东省海洋盐业大幅领先于其他各省、市、区。但受海洋盐业整体低迷，盐价整体较低，盐田面积不断减少影响，盐业发展仍然压力较大，须进一步推动制盐工作结构调整，规范产销秩序，合理开发、综合利用盐业资源，推进山东盐业的健康和可持续发展。受化工行业整体低迷影响，加上环保硬约束压力加大，山东省海洋化工增加值有所下降。受国际经济大形势低迷影响，山东省海洋船舶制造业持续低迷，新接修造船订单大幅减少，交船难度加大，融资也陷入困境。受国际经济形势整体较弱影响，海洋交通运输业增幅渐缓。

五、江苏省

江苏省位于中国大陆东部沿海的中心、长江下游，东临黄海。江苏沿海北接环渤海经济圈，南连长江三角洲核心区域，地理位置优越。

（一）海洋资源

江苏省海岸线长954千米，其中，最具代表性的粉砂化泥海岸线长884千米；海域面积约3.75万平方千米，占全省土地面积的37%；拥有10万多平方千米的沿海渔场；有各类海岛16个，岛屿岸线长68千米，海岛面积共60平方千米。江苏省拥有独特的地势地貌，最具代表性的是分布在近岸浅海区的黄海辐射沙脊群，面积大约有1.8万平方千米；在江苏沿海中部的海底沙脊群辐射状沙洲，面积约1268.38平方千米。江苏沿海拥有港航、土地、生物、旅游、盐化工和油气等多种资源。港航资源十多处，海洋石油地质储量约为70亿吨，拥有占全国1/4的滩涂面积，约5100平方千米，海洋滩涂面积被称为是江苏省重要的后备土地资源。

近海还拥有全国八大渔场中的海州湾渔场、吕泗渔场、长江口渔场和大沙渔场，海洋渔业资源丰富，其中包括浮游动物130多种，浮游植物200余种，淡水鱼类140多种，贝类80多种，海藻80多种。文蛤等5种优势种生物量1500多吨。南黄海石油地质储量约70亿吨。江苏省海洋能源资源主要包括海洋风能、海洋潮汐能和海洋波浪能。江苏省沿海地区主要以平原为主，因为受季风影响，海风密度较大，近海大部分海域平均风功率密度大约为350多瓦/平方米，虽然风功率密度较大，但是每年很少有强台风的出现，非常适合建设大规模海上电场。

（二）海洋经济

江苏省海洋经济发展基础较好。在海洋船舶领域，拥有研发与制造双重优势。沿江沿海港口众多，造就了完善的江海交通运输网络。滨海旅游资源丰富，滨海旅游较发达。2009年，江苏沿海地区开发国家战略开始实施，江苏省海洋经济发展步入快车轨道。依托国家战略，江苏省构建了"L"形特色海洋经济带，形成了"一带三区多节点"的沿海开放开发空间布局，建立了包括船舶与海工装备、海洋渔业、海上交通运输业、滨海旅游业、海洋生物医药、海洋化工、海洋新能源等传统与新兴产业相结合的海洋产业体系。沿海地区实现生产总值13215亿元，比上年增长10.1%，着力推动海洋产业转型升级。海洋经济在新常态下保持平稳的增长态势，2015年全省海洋生产总值6096亿元，比上年增长9.0%，海洋生产总值占全省地区生产总值的8.7%。

江苏省基础设施日臻完善。港口综合能力明显提升，连云港港30万吨级航道一期工程全面建成，以连云港港为核心的沿海港口群基本形成。2015年江苏全省港口累计完成货物吞吐量23.3亿吨，同比增长3.1%。其中苏州港货物吞吐量居全省榜首，达5.4亿吨。沿江沿海港口在全省港口中继续发挥主体作用，累计完成货物吞吐量17.8亿吨，同比增长4.5%。

能源建设取得新的突破，2009年以来沿海地区发电装机增加近800万千瓦，风电、光伏电站并网容量分别占全省98%和50%左右，海上风电并网容量全国第一。截至2015年年底，江苏省海上风电装机规模达到47万千瓦，居全国第一。根据国家能源局早前下发的《全国海上风电建设方案（2014—2016)》规划的44个项目中，江苏就占18个项目，总装机量达348.97万千瓦，约占全国三分之一。目前，江苏省在苏北沿海规划五座大型海上风电场，分别由中广核、中电投、龙源电力、大唐集团和鲁能集团承建。五座海上风电场全部遵循双十原则，即风机离岸距离不少于10千米、滩涂宽度超过10千米时海域水深不得少于10米的海域布局，在规避土地矛盾的同时，充分利用沿海风能。

江苏省集聚了众多船舶与海工装备研发机构以及制造企业，现已发展成中国最大的船舶与海工装备制造基地。2015年，江苏造船完工量为317艘、1658万载重吨，吨位同比增长33.8%，占世界市场份额的16.8%，占全国份额的39.6%。其中，出口船舶占全省总量的92.9%。2015年，江苏省新接订单为241艘、1212.7万载重吨，吨位同比下降44.9%，占世界市场份额的12.3%，占全国份额的38.9%。其中，出口船舶占全省总量的86.79%。截至2015年底，江苏省手持订单量930艘、5665.8万载重吨，吨位同比下降18.8%，占世界市场份额的18.9%，占全国份额的46%。其中，出口船舶占全省总量的94.4%。江苏省18家企业手持订单量为720艘、5368.1万载重吨，吨位同比下降20.2%，占全省总量的94.7%。

继续组织实施海洋经济区域示范项目，2015年共立项支持21个项目，实现销售收入24.7亿元，利税2.7亿元，有力地推动苏中千亿元级海工配套产业基地、苏南海洋观测探测示范基地和盐城新能源淡化海水示范园建设。两年来，成功转化高新技术成果40余项，相关项目产品融入"一带一路"建设。

海水淡化技术，2015年12月31日，江苏丰海新能源淡化海水有限公司首套出口印度尼西亚海水淡化装置初验交运仪式在丰海公司研发中心顺利签约。此次出口印度尼西亚的JWD-100/150-F型集装箱式微电网海水淡化集成系统由江苏丰海公司自主研发，该系统不依赖电网，可直接利用风能、太阳能等清洁能源发电制水，并可整体运输、快速组装，无需现场调试。

海洋渔业，2015年，江苏全省水产品总产量522万吨，稳中有增；渔业产值1545亿元，同比增长4.33%；渔业经济总产值2736亿元，增长6.04%。在远洋渔业方面，江苏省政府办公厅印发《关于促进远洋渔业发展的意见》，明确到2020年的发展目标、总体要求和主要任务等。2015年，共有48艘远洋渔船分布在北太平洋、东南太平洋、西南太平洋、缅甸、文莱、几内亚、摩洛哥等海域作业，捕获各类远洋水产品3.37万吨，产值2.99亿元，同比分别增长50%和44%，自捕鱼运222批次，共计2.31万吨，回运率69%。

海洋渔船更新改造，从2011年开始，江苏实施海洋渔船标准化更新改造工程，省财政累计下达补助资金2.67亿元，支持1054艘海洋捕捞渔船更新改造，拆解老旧渔船2645艘，撬动渔船更新改造社会资本30亿元左右。淘汰一批老旧渔船，新造标准化渔船，到2015年底登记在册的海洋渔船数量降至4819艘，比2011年减少5254艘。

六、上海市

上海市地处中国南北海岸中心点和长江入海口，东濒东海、南濒杭州湾，地理位置显要，是中国经济、交通、科技、工业、金融、会展和航运中心。

（一）海洋资源

上海市海域面积1万平方千米，海岸线长518千米，500平方米以上海岛

13个，滩涂面积645.74平方千米。上海海域生物资源较丰富，有浮游植物456种，浮游动物342种，近海底栖生物276种，潮间带生物131种。[33]随着开发力度的加大，上海所辖海域渔业资源的种类和数量都明显下降。上海市作为长江入海口沿海城市，具备江海景色结合的特色旅游资源，具有一定的开发潜力。上海市余山海域风能密度大，商业化开发价值巨大。此外，在波浪能、潮汐能方面，也具有较好的开发潜力。

上海市拥有一批高水平海洋科技创新基地，如上海交通大学和中船七院联合组建的海洋工程与装备国家重点实验室，同济大学的深海地学国家重点实验室，华东师范大学的邻近海域资源国家重点实验室，装备有我国唯一极地考察船的国家极地考察基地，中船集团所属研究院所和船舶制造企业，上海电气、振华港机等重型装备制造企业，上海海事大学和上海海洋大学两所专业性涉海高校。长江三角洲区域是中国经济社会最为发达地区之一，城市化程度高，环境问题非常突出，入海污染物排量大，长江口及其邻近海域已成为中国污染最严重的海域之一。

（二）海洋经济

2009年发布的《国务院关于推进上海加快发展现代服务业和先进制造业，建设国际金融中心和国际航运中心的意见》，加快了上海市发展现代服务业和先进制造业以及建设国际金融中心和国际航运中心的步伐。目前，上海市在航运物流、海洋金融服务、现代商贸、旅游会展及信息服务等产业领域都得到了迅速发展。2015年，上海市海洋生产总值达6759.7亿元，同比增长8.7%，占地区生产总值的26.9%。

为优化区域海洋经济布局，改善城市环境，上海市积极引导海洋产业从黄浦江两岸向长江口、杭州湾沿海地区转移，大力打造以洋山深水港区和长江深水航道为核心，以临港新城、崇明三岛为依托的海洋经济空间发展格局。目前，长兴岛船舶和海洋工程装备制造基地、临港海洋工程装备基地、沿海滨海旅游基地已初具规模，洋山港区和外高桥港区的海洋交通运输业已形成较大规模。[34]

在船舶与海工装备方面，上海市海洋船舶工业发力高端船型，自主设计制造能力不断提高，产品结构不断优化，转型升级取得一定成效。全市海洋船舶工业实现总产值673.41亿元，海洋造船完工量96艘、851.19万综合吨。外高桥造船交付两艘18000标准箱超大型集装箱船，承接20000标准箱和21000标准箱两艘集装箱船订单，填补我国超大型集装箱船设计制造的空白。沪东中华造船（集团）有限公司建造的17.2万立方米薄膜型液化天然气船已交付国际用户，标志着我国进入国际LNG船舶主流市场。外高桥造船启动豪华邮轮设计制造，将于2020年前交付第一艘国产豪华邮轮。继"海洋石油981"深水钻井平台后，承接6台（套）钻井平台订单；上海振华重工建造的12000吨全回转起重船是自主设计、建造的世界最大起重船；上海船厂是国内唯一有能力建造多缆物探船的船厂。

海洋特色景区与邮轮旅游作为上海滨海旅游两大增长点，2015年总收入达3505亿元，实现增加值1478.32亿元。海洋交通运输业，面对全球经济复苏放缓和中国经济增速下降的负面影响，上海采取有效措施积极应对。2015年上海海洋交通运输业保持平稳增长，全市海洋交通运输业实现总产值1111.35亿元，港口集装箱吞吐量3.654万标准箱，居世界第一，货物吞吐量6.49亿吨，超额完成"十二五"规划发展目标。

七、浙江省

浙江省地处中国东南沿海，东临东海，北连长江三角洲，是中国经济社会较为发达的省份，民营经济尤为活跃。

（一）海洋资源

浙江省海域面积26万平方千米，海岸线长6486.24千米，居全国首位，其中大陆海岸线长2200千米，居全国第5位。面积大于500平方米的海岛有2878个，是全国岛屿最多的省份，岛屿数量占全国的40%，其中面积468.7平方千米的舟山岛为中国第四大岛。浙江省岸长水深，可建万吨级以上泊位的深水岸线290.4千米，占全国的1/3以上，10万吨级以上泊位的深水岸线105.8千米。浙江省海域的东海大陆架盆地有着良好的石油和天然气开发前景。浙江省滨海旅游资源丰富，拥有杭州湾、普陀山、桃花岛、嵊泗列岛等众多全国知名滨海旅游景点。浙江省海域曾是中国主要的海洋渔业产区，但从20世纪80年代开始，海洋渔业资源退化十分严重，大黄鱼、小黄鱼、乌贼、海蜇、带鱼等主要产物现已形不成鱼汛。

浙江省是中国海洋科技创新资源的主要集聚地之一，全省拥有涉海院校21所、涉海科研院所13家、国家级海洋研发中心（重点实验室）4家、海洋科技创新平台15家。主要涉海科教机构有国家海洋局第二海洋研究所、浙江海洋大学、浙江大学、宁波大学、浙江省海洋开发研究院等。浙江还拥有独特而优越的创新创业文化环境，是中国市场化程度最高、民营经济最活跃、投资环境最好、人民最富裕的省份之一。

（二）海洋经济

基于良好的区位、资源和产业条件，国家从政策上大力支持浙江省海洋开发和海洋经济加快发展。2011年，批准启动浙江海洋经济发展示范区建设，继山东半岛蓝色经济区后，浙江省沿海成为中国第二个全国海洋经济发展示范地区。2013年，又正式批准设立浙江舟山群岛新区，舟山成为中国继上海浦东、天津滨海、重庆两江新区后又一个国家级新区，也是首个以海洋经济为主题的国家级新区。根据党的十八大提出的"建设海洋强国"的战略部署，2013年浙江省明确提出要"建设海洋强省"，推出《浙江海洋经济发展"822"行动计划（2013—2017）》，明确今后要重点扶持发展海洋工程装备与高端船舶制造业、港航物流服务业、临港先进制造业、滨海旅游业、海水淡化与综合利用业、海洋医药与生物制品业、海洋清洁能源产业、现代海洋渔业八大现代海洋产业。

在国家和地方政策的有力支持下，近年来浙江省海洋经济迅速发展。2015年，海洋生产总值达6016.6亿元，比2009年的3002亿元翻一番，海洋生产总值占全省国民生产总值的比重为14%，海洋经济对全省经济发展的辐射拉动能力不断增大。浙江省已形成以"三、二、一"为序的海洋产业协调发展格局，产业结构调整优化，比例为7.3：37.8：54.9。传统的三大主体海洋产业即海洋捕捞、海洋运输和海洋旅游业，被新的三大主体产业即滨海旅游业、海洋交通运输业和海洋船舶业所取代。

海洋渔业在海洋产业中的地位发生变化，从2000年的第1位降至2014年的第6位。以船舶和海工装备、海水淡化为代表的海洋第二产业保持连年持续增长，发展态势良好。以滨海旅游业、海洋交通运输业为代表的第三产业发展迅速，成为对浙江海洋产业总产值贡献最大的产业。

海洋渔业，2015年浙江省水产品总产量602万吨，同比增长4.7%。其中，国内海洋捕捞产量336.7万吨，同比增长3.8%；海水养殖产量93.3万吨，同比增长3.9%；远洋渔业产量61.2万吨，同比增长14.8%。2015年全省渔业经济总产值达到1937.4亿元，比2014年增长4.95%。2015年全省水产品出口数量46.9万吨，比2014年增加3.90%；水产品出口贸易额18.5亿美元，同比增长1.60%，其中海水产品出口额16.3亿美元、同比增长4.5%。

海洋盐业,2015年浙江省保有盐田总面积1935.07公顷,盐田生产面积1630.7公顷;全省制盐企业19家,主要为岱山、象山、普陀等地的盐场,年均从业人员1107人,全年共产盐7.56万吨,出场5.92万吨。

海洋船舶工业,2015年,全省船舶工业共完成工业总产值1063.9亿元,同比增长8%。从生产情况看,2015年全省船舶工业集中度进一步提高,总产值前五位和前十位企业占全省比重分别比上年提高7%和6%,新接订单提高14%和8%。产品结构持续优化,散货船比重降至完工量的58%,新接订单量的30%,手持订单量的52.2%。船舶修理业务成为行业新增长点,修理艘数及完工吨数同比分别增长27.9%和38.5%。高端船舶领域取得突破,先进制造模式应用逐步推进。

临港钢铁工业,2015年,全省重点临港钢铁工业企业实现主营业务收入502.61亿元,重点企业共完成钢、铁、钢材产量分别为829.07万吨、625.06万吨和893.33万吨。临港钢铁工业粗钢产量占全省钢铁工业的51.98%,其中不锈钢产量占全省不锈钢总量的87.17%。2015年杭钢重组宁钢,成为宁钢第一大股东,同时关停杭州半山钢铁基地400万吨炼钢产能,转型升级迈出关键一步。受钢铁产能过剩、钢材价格持续下跌影响,2015年全省钢铁企业生产经营面临较大困难,临港钢铁工业亏损15.81亿元。全省临港石化工业完成销售收入2200亿元,同比下降20%。全省已形成以炼油、有机化工原料、合成材料及下游化学品制造为主体的石油化工产业体系,PTA、ABS、PC、MDI、合成橡胶和氨纶等一批产品在国内外的影响力不断增强。

海水淡化业,浙江省是中国最早开展反渗透海水淡化研究和应用的省份,民用海水淡化工程主要集中在舟山市的普陀区、岱山县、嵊泗县和温州市洞头区。截至2015年底,全省已建成海水淡化工程总生产能力达20.8万吨/日。

海洋交通运输业,2015年,全省港口累计完成货物吞吐量138136.1万吨,同比减少0.7%。其中,沿海港口累计完成109930.1万吨,同比增长1.6%。累计完成外贸货物吞吐量44366.9万吨,同比增长0.4%。其中,沿海港口累计完成44183.3万吨,同比增长0.3%。累计完成集装箱吞吐量2294万标箱,同比增长6%。其中,沿海港口累计完成2256.9万标箱,同比增长5.7%。2015年全省港口累计完成旅客吞吐量1149.6万人次,与上年持平。

滨海旅游业,2015年,全省在建旅游项目70个,计划总投资1051.46亿元,实际完成有效投资301.45亿元。全年接待入境客1012万人次,同比增长

8.8%，国际旅游（外汇）收入67.9亿美元，同比增长13.7%；全省接待国内游客5.4亿人次，同比增长9.7%，实现国内旅游收入6720亿元，同比增长13%；实现旅游总收入7139.1亿元，同比增长13%。

八、福建省

福建省位于中国东南沿海，东北与浙江省毗邻，西南与广东省相连，东临东海，隔台湾海峡与台湾岛相望。福建省居于中国东海与南海的交通要冲，是中国距东南亚、西亚、东非和大洋洲最近的省份之一。

（一）海洋资源

福建省海域面积13.6万平方千米，陆地海岸线长3752千米，海岸线曲折率1：7，居全国第1位。沿海岛屿星罗棋布，大于500平方米的岛屿1546个，总面积1400.13平方千米，岛屿岸线长2804.4千米。大小港湾125个，可建万吨级以上泊位的深水岸线长210.9千米，其中三都澳、罗源湾、兴化湾、湄洲湾、厦门湾、东山湾六大港湾拥有可建20万~50万吨级超大型泊位的深水岸线共47千米，居全国首位。

滨海滩涂广布，尚有未开发利用的浅海滩涂面积900多万亩（1亩≈666.67平方米），近海生物种类3000多种，可作业的渔场面积12.5万平方千米，水产品总产量和人均占有量分别居全国第3位和第2位。海洋矿产资源种类多，海岸带和近海已发现60多种矿产，有工业利用价值的20余种，台湾海峡盆地西部有1.6万平方千米的油气蕴藏区域。全省陆上风能总储量超过4100万千瓦，50米以下水深海域风能理论蕴藏量1.2亿千瓦以上。滨海旅游景点众多，其中有被列为国家重点风景名胜区的鼓浪屿、清源山、太姥山、海坛岛和国家旅游度假区的湄洲岛以及"海上绿洲"东山岛等。

福建省海洋科技发展历史较早，是中国近代海洋科技发源地之一。目前已拥有国家海洋三所、厦门大学海洋学院、集美大学水产学院、省水产研究所、省海洋研究所、厦门海洋职业技术学院、中船重工集团725研究所厦门分部及福建农林大学、省农科院、省微生物研究所等一批海洋科研教育机构。

（二）海洋经济

海洋经济很早就在福建省起步发展。泉州曾是古代世界第一大港口，是海上丝绸之路的起点。明朝时，郑和下西洋大都是在福建造船、招工、起锚出海的。清末，福州、厦门被辟为全国五个通商口岸之一。闽江口的马尾港是中国近代造船工业的先驱和培养科技人才的摇篮。福建省沿海一直是中国海洋渔业资源的主要产区，海洋捕捞渔业发达。

改革开放以来，福建省借助海洋资源优势，大力实施海洋开发，海洋经济得到较好发展，在海洋渔业、海洋交通运输、滨海旅游、海洋船舶、海洋工程建筑等领域形成了明显优势。

鉴于福建省良好的海洋开发基础以及与台湾省开展海洋开发合作的广阔空间，国家从政策上大力支持福建省加快海洋开放开发。2009年批准实施福建海峡西岸经济区建设，以推进闽台合作为纽带，促进福建省海洋交通、先进制造和资源文化旅游产业的更好发展。在福建海峡西岸经济区框架下，《平潭综合实验区总体发展规划》于2011年经国务院批准实施，为推进两岸更紧密合作提供了重要的战略载体。着眼于突出海洋经济主题，扩展两岸合作空间，2012年国务院又批准实施《福建海峡蓝色经济试验区发展规划》，提出到2020年全面建成海洋经济强省，福建省由此成为中国第四个海洋经济发展试点省份。随着发展战略的确立和实施，福建省海洋经济开始进入快速良性的发展轨道。

"十二五"期间，全省海洋生产总值年均增长13.3%，高于全省GDP平均增速，海洋产业结构持续优化，海洋渔业、海洋交通运输业、滨海旅游业、海洋工程建筑业、海洋船舶修造业五大传统产业进一步壮大，占全省海洋经济主要产业总量的70%以上。2015年，福建省海洋生产总值7075.6亿元，占地区生产总值的27.2%，产业结构比重为7.6：38.5：53.9。

2015年，福建省渔业产业结构不断优化，质量效益不断提高，全省渔业总产值2463.9亿元，水产品总产量733.9万吨。全省新增外派远洋渔船37艘，近50艘远洋渔船正在建造；全年远洋渔业产量31.8万吨，同比增长近20%，实现产值31.5亿元。水产加工业提质增效，全省水产品加工量322.67万吨，同比增长6.39%；水产品出口创汇554亿美元，连续三年居全国首位。

海洋交通运输业，2015年，全省港航固定资产投资同比小幅增长，沿海港口货物吞吐量和集装箱吞吐量增速均高于全国沿海平均水平，水路客运量较快增长，货运量平稳增长。其中，沿海港口货物吞吐量5.03亿吨，集装箱吞吐量1363.69万标准箱；完成水路货运量29370.64万吨，货物周转量4308.03亿吨千米，较"十一五"末分别年均增长11.8%和14.2%。

滨海旅游业，2015年，福建省全面打响"清新福建"旅游品牌，着力推动产业转型升级，取得良好成效。全省累计接待游客2.67亿人次，同比增长14.0%；实现旅游总收入3141.51亿元，同比增长16.0%，各项主要经济指标均高于全国平均水平，较"十一五"末年均增长22.6%，高于全国平均水平，超额完成"十二五"规划既定目标。大力培育"海峡号""丽娜轮""中远之星"航线，推动黄岐到马祖通航，拓宽对台海上直航旅游线路。着力发展环海峡邮轮旅游，厦门邮轮母港全年进出港旅客超过17万人次。2015年，经福建口岸赴金马澎和台湾本岛旅游人数突破52万人次，同比增长6.8%；全省累计接待台湾同胞238.15万人次，同比增长5.7%。

九、广东省

广东省地处中国大陆南部，东邻福建，西连广西，南临南海，珠江口东西两侧分别与香港、澳门特别行政区接壤，西南部雷州半岛隔琼州海峡与海南省相望。广东省是中国大陆与东南亚、中东以及大洋洲、非洲、欧洲各国海上航线距离最短的地区，是中国参与经济全球化的主体区域和对外开放的重要窗口。

（一）海洋资源

广东省海域面积41.9万平方千米，大陆海岸线长4114千米，居全国首位，海岛1431个，岛屿岸线长2414千米。全省海域共有浮游植物406种、浮游动物416种、底栖生物828种、游泳生物1297种。广东省拥有众多的优良港口资源，广州港、深圳港、汕头港和湛江港是国内对外交通和贸易的重要通道，大亚湾、大鹏湾、碣石湾、博贺湾及南澳岛等地还有可建大型深水良港的港址。珠江口外海域和北部湾的油气田已打出了多口出油井，沿海的风能、潮汐能和波浪能都有一定的开发潜力。沿海沙滩众多，气候温暖，红树林分布广、面积大，在祖国大陆的最南端灯楼角又有全国唯一的大陆缘型珊瑚礁，旅游开发潜力较大。

广东省涉海科教与管理机构众多，主要有中国科学院南海海洋研究所、中国水产科学研究院南海水产研究所、中国水产科学研究院珠江水产研究所、广东海洋大学、中山大学、暨南大学、汕头大学及国家海洋局南海分局等，这些机构成为广东海洋经济发展的重要助推器。

在海洋生态环境保护方面，广东省走在前列，在全国率先建立了地方海洋环境监测体系，组织开展了大规模生态修复和海洋自然保护区建设，海洋自然保护区数量、面积和种类均居全国首位，海域生态环境总体良好。

（二）海洋经济

广东省很早就形成了具有较强竞争力的海洋产业体系，是中国海洋经济第一大省，拥有雄厚的海洋经济实力。

2011年，广东海洋经济综合试验区建设获批实施，广东与山东、浙江等一并被列为全国海洋经济发展试点地区。广东海洋经济综合试验区确定了四大发展定位：提升中国蓝色经济国际竞争力的核心区、促进海洋科技创新和成果高效转化的集聚区、加强海洋生态文明建设的示范区和推进海洋综合管理的先行区。

广东海洋经济综合试验区建设实施后，广东省海洋经济发展开始加速，海洋产业结构优化趋势加快。海洋渔业、海洋船舶、海洋交通运输等传统海洋产业在继续保持快速增长的同时，在地方海洋经济总产值中的比重迅速下降。海洋油气业、滨海旅游业、海水利用和海洋生物制药等新兴海洋产业加速崛起，在地方海洋经济中扮演着越来越重要的角色，逐渐成为广东省海洋经济的支柱产业。

2015年，全省海洋生产总值计14443.1亿元，同比增长4.3%。比2010年8311亿元增长73.8%，占全省生产总值的19.8%，连续21年位居全国首位。海洋经济第一、二、三产业比例是1.6：43.5：55。在全省海洋生产总值中，海洋产业9085.8亿元，占62.9%；海洋相关产业5357.4亿元，占37.1%。在海洋产业中，作为海洋经济核心层的主要海洋产业5140.7亿元（占海洋生产总值的35.6%），作为海洋经济支持层的海洋科研管理服务业3945.1亿元（占海洋生产总值的27.38%）。2015年，广东主要海洋产业(12项)中，滨海旅游业增加值2414亿元，占48.9%；海洋交通运输业增加值623亿元，海洋化工业增加值593亿元，海洋工程建筑业增加值511亿元，各占12.6%、12.0%和10.4%；海洋渔业增加值311亿元，海洋油气业增加值284亿元，海洋船舶工业增加值185亿元，各占6.3%、5.8%和3.7%；还有海洋电力、海水利用业、海洋生物医药业、海洋矿业、海洋盐业5项增加值合计18亿元，占0.4%。

2015年，广东全省各类海洋新兴产业示范基地、产业园区有50多个。广东省海洋产业集聚发展态势明显，形成了以广州、深圳为核心的海洋医药与生物制品产业集群，形成了以广州、深圳、珠海、中山为核心的海洋装备制造产业带，在粤东、粤西沿海地区分别形成了各具特色和优势的海洋生物育种与海水健康养殖产业集群。

广东滨海旅游业继续保持较快增长，2015年共接待游客2.68亿人次，其中国内游客2.32亿人次，入境游客0.36亿人次；滨海旅游业全年实现增加值2414亿元，比上年增长10.2%，比2010年增长127.6%；占2015年全国滨海旅游业增加值（10874亿元）的22.2%。

海洋渔业转型升级，渔港建设取得重大突破。省财政安排11亿元支持渔港和避风塘建设，建立渔船更新改造审核"先建后拆"制度，全省淘汰小、旧、木质渔船938艘，新建海洋捕捞渔船871艘、南沙骨干渔船35艘。大力发展远洋渔业，全省共有19家企业具有农业部远洋渔业资格、197艘远洋渔船在外生产。在国内首创"深蓝渔业"发展模式，积极发展深远海渔业养殖，建成一批深水网箱养殖产业示范园区，全省深水抗风浪网箱数量已发展到2035个，产量达2万多吨。2015年全省渔业经济总产值达到2535亿元，同比增长7.8%；水产品总产量857万吨，水产品出口创汇28亿美元。

船舶工业集聚发展，2015年全省有规模以上船舶工业企业91家，年产值1亿元以上的企业18家，船舶年制造能力约650万载重吨，广州的海洋船舶竞争力不断增强。海洋新兴产业快速发展，通过海洋经济创新发展区域示范专项项目的重点布局和引导，直接推动海洋战略性新兴产业加快发展，新兴产业在海洋经济总量中占比明显提高。根据对广州、深圳、珠海、中山、湛江等沿海市的不完全统计，区域示范相关战略新兴产业总产值（销售收入）529.81亿元，其中，海洋生物高效健康养殖业29.51亿元，海洋生物医药与制品业152.65亿元，海洋装备业347.56亿元。广州、深圳成为国家生物产业高技术产业基地。

十、广西壮族自治区

广西地处中国南部沿海，北部湾北畔，背靠大西南，面向东南亚，处于华南经济圈、西南经济圈和东盟经济圈的结合部，是中国西部唯一的沿海地区，是大西南最便捷的出海口，在中国与东盟、泛北部湾、泛珠三角、西南六省区协作等国内外区域合作格局中具有重要的战略地位和作用。

（一）海洋资源

广西海岸线长1595千米，直线距离185千米，海岸线的曲直比高达8.6∶1。500平方米以上海岛651个，岛屿面积为45.81平方千米，岛屿岸线长531.20千米。广西除与广东、海南、越南共享北部湾及南海海域空间资源外，其沿海还拥有滩涂约1005平方千米，20米水深以内的浅海约6000平方千米。

广西沿海蕴藏着丰富的海洋资源。西南部濒临的北部湾面积129300平方千米，是中国著名的渔场，也是中国海洋生物物种资源的宝库，栖息着鱼类500余种、虾类200余种、头足类近50种、蟹类190余种，闻名中外的"南珠"盛产于这一海域。分布于沿海滩涂、面积占全国40%左右的红树林以及分布于涠洲周围浅海、处于中国成礁珊瑚分布边缘的珊瑚礁，作为重要的热带海洋生态系，具有极大的科研和生态价值。北部湾还有丰富的天然气资源，初步预测其油气资源量为12.59亿吨，开发前景广阔。滨海地区矿产资源种类多样，已知的有28种，主要有石英砂矿远景储量10亿吨以上，还有陶瓷矿、石膏矿、石灰石、钛铁矿等。滨海旅游资源丰富，北海有列入国家级旅游度假区的"银滩"全长24千米，东兴万尾岛有风景诱人的"金滩"，涠洲岛、斜阳岛以独特的火山岩地质、地貌、景色千姿百态而赢得大、小蓬莱美誉，钦州"龙径环珠"的"七十二泾"和龙门诸岛等景观都是国内少见的旅游资源。广西沿海地区可利用的风能和潮汐能总储量达92万千瓦。

（二）海洋经济

广西是中国唯一的沿海少数民族自治区，海洋经济以海洋渔业、海洋交通运输、滨海旅游为主。与全国其他沿海省份比，广西海洋开发程度较低，可开发空间较大。

根据2008年国家批准实施的《广西北部湾经济区发展规划》，广西出台了《广西壮族自治区海洋经济发展"十二五"规划》，将其沿海地区开发建设定位为：中国—东盟国际物流中心、现代海洋产业集聚区、中国—东盟国际滨海旅游胜地、大西南地区重要的海上门户、海洋海岛开发开放改革试验区、我国海洋生态文明示范区和全国最优滨海宜居地。通过依托北海、钦州、防城港三个各具特色的海洋经济区，发展壮大海洋渔业、海洋修造船业、海洋油气业、滨海砂矿业、海洋盐业和盐化工业，培育发展海洋工程装备制造、海洋生物制药及生物制品、海洋再生能源、海洋新材料、海水综合利用、海洋节能环保等海洋新兴产业，促进海洋交通运输业、滨海旅游业提质升级，全面提升海洋经济在广西经济发展中的地位和作用。

目前，广西海洋渔业、海洋盐业和盐化工业、海洋交通运输业等传统产业稳步发展，新兴海洋产业，包括海洋油气、海水养殖、滨海旅游、海洋船舶逐渐崛起，已形成了多个海洋产业协同发展的海洋经济体系。在主要海洋产业中，海洋渔业保持平稳发展，增加值204亿元，比2014年增长5.7%；海洋船舶、海洋生物医药业、海洋化工业、滨海旅游等成为广西海洋经济增长的主动力。海洋交通运输业增加值为178亿元，比2014年增长1.7%；海洋工程建筑业增加值为96亿元，比2014年增长7.9%；滨海旅游业增加值82亿元，比2014年增长26.2%。临海产业发展迅速，形成了以北海大型炼油厂、钦州大型炼油厂及配套大型乙烯项目、北部湾钢铁基地、林浆纸一体化工程等为龙头的临海产业集群。

2015年广西壮族自治区海洋生产总值达1130.2亿元，比2014年增长7.5%，占广西国内生产总值的比重为6.7%。其中主要海洋产业增加值579亿元，比2014年增长7.3%；海洋科研教育管理服务业增加值110亿元，比2014年增长10.0%；海洋相关产业增加值410亿元，比2014年增长7.3%。按三次产业划分，海洋第一产业增加值186亿元，第二产业增加值398亿元，第三产业增加值515亿元。海洋第一、第二、第三产业增加值占海洋生产总值的比重分别是16.9%，36.2%，46.9%。比较来看，广西海洋经济总量仅占全国的1%，在全国沿海省市及自治区中排倒数第2位，发展水平还很低，海洋资源未得到充分开发利用。

十一、海南省

海南省位于中国最南端，北以琼州海峡与广东省划界，西临北部湾与广西壮族自治区和越南相对，东濒南海与台湾省对望，东南和南边在南海中与菲律宾、文莱和马来西亚为邻。海南省是中国海洋面积第一大省，管辖海域包括海南岛和西沙群岛、南沙群岛、中沙群岛的岛礁及其海域。

（一）海洋资源

海南省陆域面积仅为3.54万平方千米，海域面积200万平方千米，海岸线长1823千米（不含海岛岸线）。其中，自然岸线约1226.5千米，占海南岛海岸线的67.3%，人工岸线约596.3千米，占海南岛海岸线的32.7%。海南省拥有极其丰富的海洋资源。南海鱼虾贝蟹3000多种，很多具有极高的经济价值。马鲛鱼、石斑鱼、金枪鱼、乌鲳鱼和银鲳鱼等产量很高，是远洋捕捞的主要品种。

海南岛附近有丰富的近海砂矿资源80多种，其中钛铁矿、锆英石储量分别为761.7万吨和129.6万吨，占全国同类矿产储量的1/4和1/3以上。沿海港湾滩涂许多地方都可以晒盐，主要集中于三亚至东方沿海数百里的弧形地带上。南海含油气构造带200多个，油气田180个，石油地质储量230亿~300亿吨，占中国油气总资源量的1/3，天然气居全国各海区之首，是世界海洋石油最丰富区域之一。在南海中北部海区，还蕴藏着丰富的可燃冰资源，地质储量约为700亿吨油当量，远景资源储量可达上千亿吨油当量。海南还有丰富的潮汐能、波浪能、温差能、盐差能和海流能等可再生能源资源。海南拥有漫长的海岸线，海岛海湾众多，珊瑚礁、红树林海岸景色独特，滨海旅游资源丰富，特色鲜明。

（二）海洋经济

"十二五"期间，海南省以优化海洋开发和海洋经济发展空间布局为突破口，着力打造"一环四带三区二岛（群）"海洋经济区域，即在海南省所辖海域及本岛沿海地段建设环海南岛沿海的三条产业带（北部海洋综合产业带、南部滨海旅游产业带、东部滨海旅游—渔农矿业产业带）和西部临海工业园区，在南海北、中、南部建设三个海洋经济区，建设西、南、中沙群岛和海南岛沿海岛屿两个岛群海洋经济开发区。

经过近年的发展，海南省已形成了以滨海旅游和海洋渔业为主，海洋油气业、海洋交通运输业协同发展的具有自身特色的海洋产业体系。海南省通过发挥海洋渔业资源优势，促使海洋渔业持续保持增长，捕捞、养殖、加工及渔业服务业全面发展。2015年，海南省海洋生产总值达1004.7亿元，占全省生产总值的27.18%，为海南省经济发展做出积极贡献，成为海南国民经济发展的重要支柱。海洋经济第一、第二、第三产业比例是21.4：19.7：58.8。在全省海洋生产总值中，海洋产业714.7亿元，占71.1%；海洋相关产业290亿元，占28.9%。在海洋产业中，作为海洋经济核心层的主要海洋产业475亿元（占海洋生产总值的47.3%），作为海洋经济支持层的海洋科研管理服务业239.7亿元（占海洋生产总值的23.9%）。

自2010年国家批准《海南国际旅游岛建设发展规划纲要（2010—2020）》以来，海南省滨海旅游业迎来发展高潮，旅游基础设施不断完善，旅游产品不断丰富，旅游收入快速增长，滨海旅游业成为海南重要的经济增长点。从产值来看，2015年滨海旅游业完成增加值187亿元，海洋渔业增加值271亿元、海洋交通运输业增加值25亿元，这些主要海洋产业增加值占全省海洋经济总产值的47%，成为拉动海南省海洋经济快速发展的主要力量。从产量来看，海洋生物资源利用方面，2015年全省海洋渔业产量163.17万吨，其中海洋捕捞产量136.07万吨，海水养殖产量25.9万吨。海洋空间开发利用方面，2015年全省确权海域使用项目71宗，确权面积约1164.9公顷。全省海域使用金全年共征缴91181万元。海南管辖海域油气资源储量极为丰富，海洋油气业发展迅速且前景十分广阔，是海南未来经济发展的主要依托产业领域。

比较来看，目前海南海洋经济发展还相对落后，产业规模较小，产业结构单一。在全国沿海省市和自治区中，海南的海洋生产总值不到广东、山东的1/10，名列全国倒数第1位，海洋经济发展水平与其资源优势很不相称。随着海南国际旅游岛战略的深入实施，海南省将加快推进海洋重大基础设施建设，包括旅游基础设施、交通港口基础设施、油气资源开发服务基础设施、渔业基础设施、海洋管控基础设施、三沙市基础设施等，强化对海洋资源的全面深度开发利用，促进海洋经济的加快发展，进一步提升海洋经济在海南省国民经济中的支柱地位。

第八章 中国海洋经济发展趋势

从全球来看，海洋关系到沿海国家前途和民族命运，沿海各国将赋予海洋开发更有力的政策支持，推动海洋科学技术的加快创新和产业化应用，以科技手段驱动海洋资源开发利用种类和数量不断拓展，为海洋经济提供更为广泛的物质资料，保证海洋经济的长远可持续发展。从中国来看，作为一个实力日益增强的海洋大国，将紧随国际海洋开发和海洋经济发展大势，以海洋科技创新应用和务实政策引领海洋经济更好更快发展。在未来的中国国民经济整体构成中，海洋经济贡献度将继续保持提升态势，成为更加重要的且潜力巨大的战略经济领域。

一、中国海洋经济总体发展趋势

海洋经济发展受制于多种因素，包括海洋资源开发潜力、海洋科技创新应用发展潜力、海洋开发与海洋经济发展政策支持力度以及海洋产业发展潜力等。这些因素不仅作为个体对海洋经济发展施加影响，而且更多的是相互交织在一起，共同决定着海洋经济的发展走势。因此，对中国海洋经济未来发展趋势进行研判，要建立在对海洋经济发展影响因素演化态势分析的基础上。

（一）海洋资源开发潜力

如前所述，中国是一个海岸线漫长、海域空间辽阔的海洋大国，海洋资源储量丰富，可持续开发潜力巨大。

中国海洋资源的可持续开发能力，在海洋空间资源、海洋矿产资源、海水资源、海洋可再生能源、滨海旅游资源以及国际海域资源等领域得到广泛体现。受当前海洋科技发展水平、政策、市场需求等因素的影响，很多资源还远远未被充分开发利用，蕴含着巨大潜力。

海岛是重要的海洋空间资源，中国海岛数量众多，依托海岛发展旅游度假、养殖和休闲渔业，发展前景广阔。近几年国家出台了一系列政策，推动海岛空间资源开发，取得了一定成效，但已开发海岛的数量仍然较少，且开发层次较低。随着科技的进步和政策支持力度的加大，海岛的潜在利用价值将被进一步挖掘，海岛在推动产业发展和丰富民众生活内涵上将发挥更重要的载体作用。

目前中国对海洋矿产资源的开发利用，还仅限于近海区域的油气和砂矿资源。东海和南海油气资源储量极为丰富，但由于海洋权益争端的影响，规模化开发利用还需时日。南海和国际海域还蕴藏着丰富的天然气水合物（可燃冰）和多金属结核等战略矿产资源，开发前景非常可观。随着科技的发展和环境影响难题的破解，这些资源的开发利用将逐步变为现实，从而为经济发展和社会进步带来难以估量的贡献。

海水资源取之不尽，用之不竭，开发利用潜力无穷。目前中国对海水资源的开发规模，无论海水淡化，还是直接利用以及海水化学元素提取，都还只是沧海一粟，产业发展规模较小，产业贡献度低。随着技术能力的提升、政策力度的加大及市场需求的扩大，海水资源利用必将呈几何级数增长。

开发利用海洋可再生能源，是完善电力来源体系和提升电力供应能力的重要途径。目前中国对滨海风能开发力度较大，海上风能开发也有一定进展，但还有很大开发空间。潮汐能开发历史较早，具备一定的产业基础和经验积累，在能源储藏量上仍有巨大的开发潜力。波浪能、温差能、盐差能和海流能等开发利用的技术装备还处于研发和试验阶段，但发展前景良好，预计在未来10年内将形成较成熟的技术装备体系，推动海洋新能源实现产业化、规模化开发利用。

中国不断增长的旅游需求，推动了滨海旅游资源的开发，促进了滨海旅游业的快速发展。在政府或企业的主导下，由蜿蜒曲折的海岸线、高质量的沙滩、奇形怪状的滨海礁石构成的秀美滨海景观陆续得到开发，托起了一个个景色大同小异的滨海旅游景区或景点，如星星般点缀在中国漫长的海岸线上。总体来看，目前中国滨海旅游资源开发已较为充分，但仍具有一定持续开发潜力。此外，中国滨海旅游景区建设同质化严重，特色不足，游玩内容较少，度假功能偏弱。因此，滨海旅游资源的进一步开发，除了继续挖掘潜力外，将在深度上下功夫，通过丰富的历史文化内涵，完善娱乐项目，优化基础设施，以提升休闲度假功能。

中国海洋资源开发利用结构不平衡问题非常突出，一方面表现为大量资源，如海洋空间资源、海洋矿产资源、海水资源、海洋可再生能源、滨海旅游资源以及国际海域资源等，远未得到充分开发利用，开发潜力巨大；另一方面表现为有些资源过度开发利用，如海洋渔业资源和滨海养殖空间等。因过度开发和环境污染，中国近海渔业资源已深陷灭绝危机之中。滨海空间因养殖开发规模过大，引发海域生态环境恶化、养殖病害威胁加大等严重问题。

总体而言，随着中国海洋科技发展水平的不断提高、国家政策扶持力度的加大以及市场需求的扩大，海洋空间资源、海洋矿产资源、海水资源、海洋可再生能源、滨海旅游资源以及国际海域资源等的开发利用，将得到全面发展。当前的"伏季休渔""零增长"等政策实施效果已严重弱化，若无更严厉的管控措施，海洋渔业资源将会继续保持颓势，近海捕捞业的衰败将难以避免。近海养殖空间因污染、病害等问题将逐步萎缩，空间集中集约化、规模大型多层次化、方式生态绿色化是近海养殖的必然发展趋势。

（二）海洋科技创新应用发展潜力

海洋科技作为海洋资源开发和海洋经济发展的根本手段，其创新应用发展态势对海洋经济未来演变趋势具有决定性影响。制约海洋科技创新应用的因素有很多，主要包括人才、资金、平台、政策、研发基础等。政策是决定海洋科技创新应用发展态势的首要因素，直接对影响海洋科技创新应用的相关要素产生作用。通过优化政策建设，将会促进人才汇聚，扩大资金投入规模，形成完善的创新和成果转化平台，最终提高海洋科技研发实力，提升对海洋经济发展的支撑力。

中国高度重视海洋科技的创新发展和产业化应用。中华人民共和国成立以来，国家和沿海省市出台了一系列的海洋科技政策，为海洋科技加快创新及实现产业化提供了有力支持。中国海洋经济的长期快速发展，得益于海洋科技创新的支持，但归根结底是得益于国家和地方的扶持政策。进入21世纪后，随着海洋开发战略地位的确立以及海洋经济重要性的日益凸显，国家和地方进一步加大了对海洋科技创新与应用的政策支持力度。从国家到沿海省市乃至沿海区县，都制定并实施了一系列海洋科技创新与成果产业化战略规划，并在人才引进和培养、资金投入、产学研结合、创新与成果转化平台建设、合作交流、产业化基地等方面出台了配套扶持措施，对加快海洋科技创新应用发挥了显著的推动作用，促使中国海洋科技在各个领域都实现了快速发展，对海洋开发和海洋经济发展形成了有力支撑。在"十三五"时期，国家和沿海地方出台了新的海洋科技发展规划，实施新的海洋科技创新与成果转化促进政策，加上已形成的良好的海洋科技研发基础，将推进中国海洋科技更好更快地发展和得到更有效的应用。

中国海洋科技总体实力虽然不及发达国家，但在政策的倾力支持下，差距正在逐步缩小。预计到2020年，中国将跻身世界海洋科技先进国家行列，基本形成与国民经济和社会发展相适应的海洋科技研究体系及创新人才队伍，基本形成覆盖中国海域、邻近海域及全球重要区域的环境服务保障能力，在海洋生物基因资源利用、人工养殖、渔业养护、生物资源精细加工、海水资源综合利用、海洋可再生能源开发技术装备、深海油气勘采技术装备等方面实现突破和创新，海洋科技对海洋经济发展的贡献率将超过70%。预计到2050年，将建成近海动力环境生态一体化监测系统、全球海洋监测体系和数值预报系统，实现海洋渔业农牧化和海水资源的综合高效利用，海洋生物工业绿色精制和基因利用技术高度融合，形成规模化深海资源开发装备体系，将全面赶上国际领先水平，并在某些领域形成特色和优势。

（三）海洋开发与海洋经济发展政策支持力度

从20世纪80年代至今，面对海洋开发热潮在全球蓬勃兴起的大好机遇，中国加快实施海洋开发和海洋经济发展战略行动，出台了一系列沿海开放开发和以海洋经济发展为主题的战略规划和配套政策措施，推动海洋领域的全面发展。

以2006年国务院批复天津滨海新区建设为起点，中国沿海区域新一轮开放开发战略布局迅速展开，并相继进入国家战略层面。推动海洋开发和发展海洋经济是沿海区域战略规划的重要内容，各地区根据资源禀赋、产业基础、人才与科技支撑能力、发展潜力等因素，对本区域海岸和海洋开发进行了战略定位和目标任务安排。2014年，中国以省市域和国家级新区为单元的沿海开放开发战略布局基本形成，为21世纪以沿海区域为战略支点推进海岸和海洋开发、建设"海洋强国"构建了完善的基地体系。

2011—2013年，山东半岛蓝色经济区、浙江海洋经济发展示范区、广东海洋经济综合试验区、福建省海峡蓝色经济试验区以及天津海洋经济科学发展示范区相继被确立为全国海洋经济发展试点地区，浙江舟山群岛新区成为以海洋经济为特色的国家级新区，标志着中国基本确立了海洋经济发展试验示范区建设的空间布局（表8-1）。

随着沿海区域发展战略规划的实施，国家和地方陆续推出了相应配套政策措施，内容涉及体制机制、人才队伍、科技创新、投融资、土地管理、区域协作、对外开放等多方面，由此形成了支撑沿海区域战略实施的组织和制度框架。

在对沿海区域进行战略空间布局的同时，中国还出台了一系列涉及海洋科技创新、海洋经济发展、重点海洋产业发展的专门战略规划，明确了一定时期的发展目标和任务。围绕海洋科技创新、海洋经济发展以及海洋生态文明建设，还制定并实施了扶持企业发展、优化投融资结构、加强知识产权保护、鼓励创新创业、加大财税支持力度等方面的政策措施。

"一带一路"及"海洋强国""创新驱动""生态文明""中国制造2025"等国家新战略与倡议的提出，为中国海洋开发和海洋经济发展提供了更为广阔的空间。"一带一路"倡议要求中国海洋领域全面"走出去"，在全球海洋空间开展创新合作与海洋资源的整合利用；"海洋强国"战略明确了中国海洋开发和海洋经济发展的根本目标和发展方向；"创新驱动"战略将海洋科技确定为中国海洋发展的核心支撑要素；"生态文明"战略指出了中国海洋开发和海洋经济发展的"底线"，即发展海洋事业要以保护好海洋生态环境为前提；"中国制造2025"战略对海洋产业提质增效升级提出了目标要求，追求质量和效益将是海洋产业转变发展方式、实现转型升级的根本着眼点。

"十三五"时期，是中国提出的到2020年全面实现"小康社会"建设目标的关键五年。建成"小康社会"，离不开海洋事业的发展。2015年10月29日，中国共产党第十八届中央委员会第五次全体会议通过《中共中央关于制定国民

表8-1　中国海洋经济发展试验示范区建设布局

区域名称	概况	战略定位
山东半岛蓝色经济区	陆域面积6.4万平方千米，海域面积15.95万平方千米，人口3300多万，海岸线3000多千米，拥有海湾200余处，其中优良港湾70余处。海洋科技优势明显，是全国海洋科技力量"富集区"	建设具有较强国际竞争力的现代海洋产业集聚区、建设具有世界先进水平的海洋科技教育先行区、建设国家蓝色经济改革开放先行区、建设全国重要的海洋生态文明示范区
浙江海洋经济发展示范区	陆域面积3.5万平方千米，海域面积26万平方千米，面积500平方米以上的海岛有2878个，占全国的40%	建设成中国大宗商品国际物流中心、海洋海岛开发开放改革示范区、现代海洋产业发展示范区、海陆协调发展示范区、海洋生态文明与清洁能源示范区
广东海洋经济综合试验区	陆域面积8.4万平方千米，海域面积41.9万平方千米，海岸线4114千米，居全国首位，海岛1431个，海洋生物、矿产和能源资源丰富	建设成为提升中国蓝色经济国际竞争力的核心区、促进海洋科技创新和成果转化的集聚区、加强海洋生态文明建设的示范区和推进海洋综合管理的先行区
福建海峡蓝色经济试验区	陆域面积5.4万平方千米，海域面积13.6万平方千米，海岸线3752千米，面积500平方米以上的海岛有1374个	建设成为深化两岸海洋经济合作的核心区、中国海洋科技研发与成果转化重要基地、具有国际竞争力的现代海洋产业集聚区、中国海湾海岛综合开发示范区、推进海洋生态文明建设先行区和创新海洋综合管理试验区
天津海洋经济科学发展示范区	陆域面积1.19万平方千米，海域面积2146平方千米，人口1400多万	建设全国海洋高新技术产业集聚区、海洋生态环境综合保护试验区、蓝色经济改革开放先导区和陆海统筹发展先行区

经济和社会发展第十三个五年规划的建议》，提出了"创新、协调、绿色、开放、共享"的发展理念，并强调指出要"坚持陆海统筹，壮大海洋经济，科学开发海洋资源，保护海洋生态环境，维护我国海洋权益，建设海洋强国"。随后又出台了《国民经济和社会发展第十三个五年规划》《全国海洋经济发展

"十三五"规划》《全国科技兴海规划纲要（2016—2020年）》以及相关重点产业"十三五"发展规划，各沿海省市也出台了地方"十三五"海洋开发与海洋经济发展相关规划。为配合"十三五"海洋领域各项战略规划的实施，国家和沿海地方还将出台实施新的保障政策措施。可以预见，在"十三五"时期全面建成"小康社会"的目标背景下，中国海洋开发和海洋经济发展面临着优越的政策环境。

（四）海洋产业发展潜力

从多年来各海洋产业产值变化状态来看，保持较稳定的增长是中国海洋经济发展的基本特征，由此保证了中国海洋经济规模的持续扩张。

但由于海洋科技创新滞后于海洋经济发展，长期以来的中国海洋经济增长是建立在高消耗、高污染、低效益基础上的。这种粗放增长方式使得海洋资源和生态环境付出了惨重代价，导致海洋渔业资源衰退甚至枯竭，海洋环境污染严重，海洋灾害发生频率加大，给海洋资源、海洋经济和海洋生态环境全面可持续发展带来严重威胁。严重依赖于资源投入的海洋经济粗放增长方式是不可持续的，长期的经济增长成果无法弥补海洋生态环境损失，最终结果将是得不偿失的。转变发展方式，优化海洋产业结构，是促进中国海洋经济可持续发展的必然要求。

目前，中国已深刻认识到资源环境问题对经济社会发展构成制约的沉重现实，提出了"创新驱动"和"生态文明"的战略应对举措，明确指出要通过发挥科技创新的支撑和引领作用，驱动产业转变发展方式，实现提质增效升级，构建经济与生态环境协同推进发展格局。2013年7月，习近平总书记在主持中共中央政治局第八次集体学习时，针对海洋领域特别提出，要"着力推动海洋经济向质量效益型转变、着力推动海洋开发方式向循环利用型转变、着力推动海洋科技向创新引领型转变、着力推动海洋维权向统筹兼顾型转变"。

可以预见，随着新的发展理念的贯彻落实，中国海洋资源和环境问题将会引起更加广泛的重视，并采取更加有力的政策措施，依靠发展环境友好型科学技术，破解海洋经济发展的资源环境约束，不断激发海洋产业发展活力，深度挖掘海洋产业发展潜力，推动以海洋渔业、海洋交通运输业、滨海旅游业为代表的传统海洋产业实现规模、质量和效益同步增长，以海洋油气业、海洋生物制品与医药业、海洋可再生能源业、海水利用业、船舶与海工装备业等为代表的战略性海洋新兴产业不断发展壮大，最终促使海洋经济与海洋生态环境协调健康发展，奠定"海洋强国"建设的基石。

二、主要海洋产业发展趋势

中国目前已形成包括海洋渔业、海洋生物制品与医药业、海水综合利用业、船舶与海工装备业、海洋可再生能源业、海洋交通运输业、滨海旅游业等多门类组成的海洋产业经济体系，各海洋产业均长期保持较好发展态势，但由于产业基础条件不一，面临的资源、科技、政策和市场等方面的整体环境不同，导致发展潜力有差别，发展趋势各异。

（一）海洋渔业

1. 主要依赖海水养殖带动的海洋渔业将继续增长

受海洋渔业资源衰退、作业区域缩小等因素限制，未来中国海洋捕捞业发展将受到很大的制约。近海捕捞业增产潜力很小，甚至可能出现负增长。远洋渔业具有一定的发展潜力，在海洋捕捞业中的比重将逐步扩大，但由于全球对渔业资源的开发已经比较充分，可供利用的未开发资源有限，远洋渔业发展面临的困难也比较多。

中国是世界海水养殖第一大国，产量长期保持在世界总产量的70%左右。中国海水养殖的增长速度也明显高于其他沿海国家，从20世纪80年代开始，长期保持着10%左右的年均增速，2010年以来下降到5%左右。在海洋捕捞受资源环境约束增强的情况下，未来中国海洋渔业增产将主要由海水养殖来承担。由于中国近海海水养殖规模和开发强度已经比较大，今后将主要依靠提高生产集约化程度、提高对海域资源的利用效率来实现。随着中国国民水产品消费需求的持续增长和水产技术水平的不断提高，预计在今后10~20年中，中国海水养殖产量将继续保持增长趋势，但增长速度将逐步放缓。

2. 海洋渔业管理力度将增强

近年来，中国政府加强了对海洋渔业的规范化管理，建立了科学的海洋渔业管理体系，渔业管理制度日臻完善。在沿海全面实行了"伏季休渔"，对三无和三证不齐的渔船进行清理整顿，严厉查处电、炸、毒鱼违法作业。开展渔业资源增殖放流和人工鱼礁建设。强化了渔业生态环境监测和渔业资源调查工作。加强水生野生动物保护管理，加快自然保护区建设，加大珍稀濒危水生野生动物救护力度。在海水养殖管理中实施了养殖证制度，并对苗种繁育运输、渔药使用和水产品质量、安全等方面加强了管理，促进了渔业的可持续发展。

今后，围绕发展可持续海洋渔业，中国将借鉴国际海洋渔业管理行之有效的经验和做法，积极探索出台新的海洋渔业管理举措，包括：依托捕捞许可证管理在海洋捕捞管理中实行捕捞配额制度；依托养殖证管理逐步对海水养殖的规模、密度、设施、渔药、饲料使用、养殖废弃物排放等方面做出全面具体的规定，以此推动海洋渔业管理的法制化、规范化。

3. 海洋渔业高技术化程度将持续提高

20世纪80年代以来，中国海洋渔业高技术化发展态势非常明显。远洋渔业的发展促进了大型渔船的制造和使用，也促进了各种先进技术的应用。对虾养殖中，以可控程度高、单位产量高为特点的高位池养殖技术已经成为主流技术。养殖网箱的规格也由单一化、小型化向多元化、大型化发展。工厂化养殖从无到有发展迅速，目前已经具有相当的规模。

今后，中国海洋渔业高技术化发展趋势仍将继续。随着技术的进步，海洋渔业将加快转型升级步伐，由劳动密集型向资本密集型和技术密集型转变。以远洋渔业、深水网箱养殖、工厂化养殖、生态化牧场养殖等为代表的现代渔业优势将越来越突出，在海洋渔业中所占比重逐步增大。

4. 海洋渔业结构将进一步优化

长期以来，主要精力一直集中在发展捕捞和养殖方面，对水产品加工、休闲渔业等下游产业发展重视不够。与发达国家相比，中国海洋渔业产业链还比较短，质量也不高。水产品加工比例低，发达国家的水产品加工比例目前已经达到了75%，而中国的加工率不足30%，且高附加值产品比较少，废弃物综合加工利用水平低。中国的渔业休闲产业目前还处于起步阶段，产业规模、层次与美、欧、日等发达国家和地区还存在着非常大的差距。

在"十三五"全面建设小康社会的进程中，国内居民生活水平将进一步提高，膳食结构将进一步优化，休闲娱乐支出在消费中的比重将进一步增大，为涉渔第二、第三产业的发展提供了良好条件。为适应市场不断增长的需求，今后中国水产品加工规模将不断扩大，水产品精深加工率和综合利用率将进一步提高。涉渔第三产业将进一步发展，通过大力发展渔区第三产业，因地制宜地开发融旅游、观光、休闲为一体的渔区经济，建设以渔港为中心，以批发市场为纽带，以人工鱼礁垂钓为热点，以餐饮、休闲娱乐为补充的资源良好、环境优美的现代化渔区，将全面推动渔业经济的现代化。

5. 海水产品质量安全管理体系将更加完善

目前，中国已初步建立了食品质量管理的法律法规体系，同时中国还加快了包括水产品在内的食品标准体系建设工作，目前标准范围基本贯穿了水产品产前、产中和产后全过程，渔药使用、药物残留限量、渔用饲料安全限量、水产品有毒有害物质限量等基础性标准的制定取得了突破性进展，渔业现行国家标准和行业标准已超过600项。以国家、省、县三级检测中心为基础的，遍布全国的水产品质量监督检验体系也已基本建立。

今后，随着中国水产品质量监测和管理体系建设继续走向深入，水产品质量安全监管将更加完善。水产企业生产日志制度、科学用药制度、水产品加工企业原料监控制度、水域环境监控制度和产品标签制度"五项制度"将得到全面深入推行；渔业水域环境、生产投入品、养殖技术规范、产品质量安全、检测检疫方法等标准进一步健全；无公害产地认定、产品认定和出口原料基地登记制度将全面实施；对水产养殖用药的指导和监督将步入全面、科学管理的新时期。

6. 海产品贸易将继续保持领先优势

中国目前是世界上最大的水产品出口国，出口规模大、品种全、竞争力较强（特别是在价格方面）。随着国内水产品消费的增长，中国水产品进口量也在不断增大。预计今后很长时期内中国水产品进口将继续大幅增长，出口优势也将继续保持，形成以大量出口养殖类、加工类水产品，进口深海捕捞鱼产品为主的水产品贸易格局。这种格局是由中国基本的资源禀赋条件所决定的，并将长期存在。

顺应中国海产品贸易持续增长态势，要求继续强化在水产品出口加工方面的优势，不断提高加工技术水平与产品质量，增强中国水产品在质量与信誉方面的国际竞争力。同时认真分析国内市场形势，加大对适销对路的优质海洋捕捞产品的进口，加强与发达国家渔业的交流与合作，提升国内海洋捕捞与水产品加工企业的技术水平、资源储备与开拓市场能力。

（二）海洋生物制品与医药业

中国海洋生物制品与医药业发展较快，在海洋新天然产物、海洋新药、海洋生物酶、海洋农用生物制剂、海洋生物功能材料以及海洋动物疫苗的研发与产业化上，都取得了较大进展，具备了进一步发展的良好基础。今后，随着国家政策支持力度的加大，以及科技研发能力的提升，中国海洋生物制品与医药业面临广阔的发展空间。

1. 海洋资源利用将逐步拓展

中国海洋生物资源种类繁多，总数达20278种，其中具有潜在药用价值的约有7500种，但目前做过描述或初步鉴定的仅有1500种，进行过初步研究的不到200种，且80%来自近海，尤其是对海洋生物基因资源的研究，还仅限于少数经济动物和模式动物。[33]可以说，中国海洋生物资源尚有巨大研究开发潜力亟待挖掘。围绕促进对海洋生物物种资源和基因资源的高效利用，今后中国将加强对海洋药用与生物制品用生物资源（包括物种、资源量、分布特征、时空变迁等）和基因资源（大规模序列测定、数据库建设、功能基因的筛选、功能基因的开发与应用）等的全面深度研究和开发，从而为海洋生物制品与医药业的发展提供更广泛的物质资源基础。

同时，随着深远海和极地资源和环境科学考察活动的深入开展，中国海洋生物资源利用空间将拓展到深远海、极地以及人迹罕至的岛礁，鱼虾贝藻等重要的海洋经济生物、重要的药用和生物制品、深海微生物将逐步得到开发利用，支撑中国海洋生物制品与医药业发展的资源结构将得到进一步拓展和完善。

2. 科技研发与产业化能力显著提升

海洋生物制品与医药业发展前景广阔，是中国高度重视和重点发展的战略性新兴产业领域。"十二五"期间，中国出台了一系列政策，如《国务院关于加快培育和发展战略性新兴产业的决定》《"十二五"国家战略性新兴产业发展规划》等，大力发展海洋生物制品与医药业。2016年，出台了《"十三五"国家战略性新兴产业发展规划》，将通过体制机制和政策创新，推动海洋生物制品与医药业的快速健康发展。

中国研发投入逐年提高，2015年全国研发经费投入总量为1.4万亿元，年均增长11.4%，已成为仅次于美国的世界第二大研发经费投入国家。2015年我国研发经费投入强度（研发经费与GDP之比）为2.1∶100，已达到中等发达国家水平，居发展中国家前列。研发投入强度的增大，将为中国海洋生物制品与医药研发提供持续增长的资金支持，长期以来存在的研发资金不足问题将逐步解决。

研发力量分散是制约中国海洋生物制品与医药研发能力提升的又一个亟待解决的重要问题。今后将通过制度建设，推动建立高效研发管理体制，优化研发机构间深层次协作机制，打造一批高水平以企业为主体的产学研结合创新的团队，形成更为完善的创新平台、创新服务平台、孵化器平台和产业化基地体系，从而以体制机制创新和平台建设促进研发力量积聚，提升合作研发水平。

基于不断增强的研发投入和研发条件，中国海洋生物制品与医药研发与产业化能力将逐步提升。在海洋药物方面，将初步构建形成国际认可的候选海洋药物临床前研究技术策略体系与评价数据库，海洋新药的临床疗效、应用安全性以及与其他药物合用的临床疗效研究取得较大进展，一些新药产品将获得证书并进入生产阶段。在海洋生物制品方面，海洋生物酶、海洋生物功能材料、海洋绿色农用生物制剂等的一批关键技术将得到突破，并顺利实现产业化。预计到2020年，中国将基本建成海洋生物制品与医药研发的产业化体系，达到世界海洋生物技术强国初级阶段；到2050年，将跻身海洋生物制品与医药研发世界强国行列。

（三）海水综合利用业

中国在海水综合利用业领域起步早，发展快，技术体系较成熟，具备规模化发展的有利条件。海水综合利用业也是中国大力扶持发展的战略性新兴产业领域，"十二五"期间，先后出台的《国务院关于加快培育和发展战略性新兴产业的决定》《"十二五"国家战略性新兴产业发展规划》《关于加快发展海水淡化产业的意见》《海水淡化科技发展"十二五"专项规划》《"十二五"海水淡化产业发展规划》以及《全国海洋经济发展"十二五"规划》都将海水综合利用业作为重点支持的产业领域，并在"十三五"期间进一步加大扶持力度。在科技进步和政策扶持的带动下，中国海水综合利用业具有广阔的发展前景。

1. 海水淡化

今后中国海水淡化的发展，主要体现在技术方向、成本和产业模式等方面。从技术发展方向来看，由于在使用条件和技术成熟度上具有优势，多效蒸馏法和反渗透法在较长时期内仍将是中国海水淡化的主流技术。多效蒸馏法必须和发电厂以及其他有蒸汽的工业结合才能利用，与之相比，反渗透法较为简单，只要具备电力条件即可，同时还具有投资和成本上的优势，因此未来反渗透法将占据更大的市场份额。

从成本变化来看，提高海水淡化技术装备国产化水平和淡化水利用规模，可以降低海水淡化成本。随着中国海水淡化研发能力逐步增强，在自主开发大型反渗透、低温多效海水淡化成套技术和装备，以及国产化反渗透膜、能量回收装置上将不断实现突破，从而为降低海水淡化成本做出贡献。此外，中国海水淡化的产业规模和用户规模处于较快的增长状态，规模化经济效益的不断提升，以及国家财税补贴力度的加大，也将使海水淡化成本逐步走低。

从产业发展模式来看，海水淡化会产生浓盐水、添加剂等多种废弃物，加强对废弃物的开发利用，不仅会消除对环境的威胁和破坏，还能变废为宝，创造经济效益。因此，依托沿海产业园区，集成海水淡化、海水冷却和海水化学资源综合利用技术，发展海水资源综合利用循环经济模式，将是海水淡化产业发展的基本方向。目前，针对不同地区资源的特点，发展水—电、水—养（养殖）—盐、电—水—盐等各具特色的海水综合利用循环经济，已在中国逐步推行。天津北疆电厂等海水资源综合利用示范工程处于良好的运行状态，经济和生态效益可观。

2. 海水直接利用

中国在海水直流冷却技术体系建设方面已基本成熟，今后主要是围绕无公害和环境友好的目标，实现技术体系的优化升级，同时通过技术的改良应用和产业发展的需要，进一步拓展海水直接利用规模。

随着海水缓蚀剂、阻垢分散剂、菌藻杀生剂和海水冷却塔等关键技术的突破，以及多个海水循环冷却示范工程的建成，中国在海水循环冷却领域已形成了较好的研发和产业基础，加上国家扶持效应逐步凸显、市场需求加大等因素的影响，今后将在超大型海水循环冷却技术装备、大生活用海水高效预处理和后处理技术装备上取得突破，由此引领海水循环冷却产业的规模化发展。

3. 海水化学资源利用

中国海水化学资源开发利用基本与国际同步，具备良好的研发与产业基础，今后将可能在浓海水机械热压缩精制盐和化学资源利用工程研究示范、浓海水高效填料塔提溴与粗溴提纯技术研究、浓海水太阳池制盐技术研究等方面实现突破，由此带动海水化学资源利用产业的规模化、高技术化发展。

（四）船舶与海工装备业

发展高技术船舶和海工装备制造，是中国推动制造业转型升级的重要战略方向。近年来，国家通过出台一系列战略规划和扶持政策，如《国务院关于加快培育和发展战略性新兴产业的决定》《海洋工程装备产业创新发展战略（2011—2020）》《"十三五"国家战略性新兴产业发展规划》《海洋工程装备制造业中长期发展规划》以及《全国海洋经济发展"十三五"规划》等，大力推动高技术船舶和海工装备制造业加快发展。总体来看，"政策扶持+创新驱动+产业转型升级"将是今后中国船舶与海工装备业的基本发展路径。

1. 船舶制造

中国船舶制造业发展迅速，目前已是世界第一造船大国。但与世界船舶制造领先水平相比，中国在高技术船舶设计、船舶配套能力、绿色船舶技术研发等方面还存在较大差距。运用高技术发展节能环保绿色船舶，是当前世界船舶制造发展的基本趋势。世界主要船舶研究机构、造船企业都在加大研发力度，不断推出满足绿色船舶要求的新技术、新船型以及新动力。顺应世界船舶制造业发展潮流，加强创新能力建设，积极发展高技术绿色化船舶，将是中国船舶制造业可持续发展的必然选择。

在今后一定时期，通过出台高技术绿色船舶发展规划、建立开放式协同创新体系、加大研发投入、对接和主动参与制定世界船舶制造新标准、加强先进成果转化应用以及广泛开展国内外交流合作，中国船舶制造业将在高技术研发和船型结构升级上发生巨大变革。

在高技术创新方面，预计今后几年中国将在以下技术领域实现突破：主流船型优化设计及换代技术，LNG双燃料动力船关键技术，超大型LNG船、超大型集装箱船、冰区船舶等关键技术，降低新船能效设计指数的先进技术及评估软件以及船舶减阻增效技术及高性能涂料等。在夯实技术积累的基础上，在更远一些的将来，还将突破气泡润滑技术，气腔系统、混合材料、组合推进系统、无压载水船舶、天然气动力技术，混合动力技术，岸电技术，新型破冰船技术以及极地救生船技术等先进高技术。随着船舶设计与制造技术创新能力的不断增强，将引领船型结构加快实现升级换代，推动造船业可持续发展。

在船型结构升级方面，基于技术进步和市场需求的驱动，近期将可能在主流船型升级换代、双高船舶设计建造、恶劣环境航道船舶、现代大型远洋渔船、大型深远海执法船及深远海和极地科考船等的建设上取得较大进展。在更远一些的将来，低能耗船舶、绿色燃料船舶、电动船、极地船和CNG船将可能获得发展。[34]

2. 海工装备制造

目前，海工装备研发与制造主要围绕海洋油气资源的勘探开发利用发展。

从全球海洋油气开发装备制造格局来看，属于第一方阵的欧美已基本垄断了设计制造技术，如挪威、瑞典、荷兰、美国主要是在深水、超深水技术及钻井平台、半潜平台等方面处于领先地位。从配套来看，也主要是美国、瑞士、德国在钻采、动力、电子等设备上处于垄断地位。位于第二方阵的韩国、新加坡已形成了先进的制造技术，如韩国在钻井船、浮式生产储油装置（FPSO）、液化天然气（LNG）市场上占据了较大的份额；新加坡则在自升式、半潜式平台和FPSO改装方面具有较强的实力。

中国在导管架、自升式、半潜平台和FPSO、平台供应船等制造方面已具备一定的技术积累，海工装备产业布局已初步形成，但产品设计开发能力与国外差距较大，配套市场还被外国企业控制。此外，中国的工程总包能力不足，且在高端海工装备设计制造领域基本还是空白。鉴于海洋油气资源开发在未来中国油气资源利用格局中居于日益重要的地位，因此中国将海工装备业列为战略性产业部门重点支持发展的产业。

发展海洋油气开发装备制造业，赶超世界先进水平，除了政策扶持外，关键要在技术领域加快创新。根据现有研发基础以及相关发展规划，今后较短时间内中国有望突破深水勘探船、钻井船、铺管船、起重船、支持船等海洋油气勘探作业装备关键技术和配套设备，具备海洋油气生产平台和水下生产系统自主制造能力，通过引进国外成熟技术形成浮式液化天然气生产储卸装置（FLNG）、浮式钻井生产储油船（FDPSO）的建造能力。在今后较长时间内，将完全掌握深水勘探技术，建成若干艘具备10~20缆的物探船，实现深水多功能海管及结构物安装船包括水下钻机在内的深水钻修井装备的自主研发，形成具有自主知识产权的FLNG、FDPSO关键技术，掌握载人潜水器、ROV、AUV等的自主设计和制造能力。[35]

在技术创新的支撑和引领下，中国将加快海洋油气开发装备制造企业技术改造步伐，加大企业兼并重组力度，推动发展一批具备总承包能力和较强国际竞争力的大型总装制造骨干企业（集团），培育一批在工程设计、模块设计制造、设备供应、系统安装调试、技术咨询服务等领域具备较强国际竞争力的专业化中小型企业，形成以环渤海、长三角、珠三角为依托的中国三大海洋油气开发装备制造业集聚区。可以预见，在未来10年，海洋油气开发装备制造业将成为支撑中国海洋经济可持续发展的主干产业领域。

随着深海大洋多金属结核、天然气水合物（可燃冰）等矿产资源以及极端环境生物资源研究进程的加快，相关勘探开发装备的研发与制造也将逐步加强，成为中国海工装备制造业远景经济效益的增长点。

（五）海洋可再生能源业

从世界范围来看，目前已有30多个沿海国家在开发利用海洋可再生能源，部分国家已经在某些海洋能领域实现了商业化运行。从各国情况来看，潮汐能发电技术最为成熟，世界上已有多座潮汐能电站投入产业化运营；波浪能是继潮汐能发电之后发展最快的技术，世界上已建波浪能发电装置50多个；潮流能发电技术近年也有较大进展，以英国为代表的欧洲国家掌握的潮流能发电技术代表着国际最高水平；海洋温差能、海洋盐差能和海洋生物质能的开发利用技术研发也正在加快推进。

尽管目前开发利用海洋可再生能源还存在经济效益差、成本高、技术不成熟等问题，但很多国家一方面组织研究解决这些问题，另一方面制定宏伟的海洋能利用规划。如法国计划到21世纪末利用潮汐能发电达到350亿千瓦时，英国准备修建一座100万千瓦的波浪能发电站，美国要在东海岸建造500座海洋热能发电站。从发展趋势来看，海洋能将成为沿海国家，特别是沿海发达国家的重要能源之一。

依托资源优势和技术创新，加快发展海洋可再生能源业，可降低对传统能源的依赖，有效改善能源供给结构，切实保障沿海经济社会可持续发展。中国海洋能资源丰富，开发利用潜力大。近年来中国从战略高度上，制定了一系列扶持政策，积极推进海洋可再生能源开发利用技术创新和产业发展。

目前制约中国海洋可再生能源业发展的主要因素在于缺乏核心技术，因为缺乏专门性研发机构、研发力量分散，严重束缚了中国海洋可再生能源开发利用技术装备研发能力的提升。海洋可再生能源技术装备在能量转换和可靠性方面，以及有关设备的制造和生产能力与国际先进水平相比还有一定的差距。

根据国家相关规划和政策，今后中国将进一步加大对海洋可再生能源技术装备研发和产业化的资金投入，同时着力发展以企业为主体的技术创新体系和创业机制，推动完善技术支撑体系，壮大海洋可再生能源产业。

从海洋可再生能源构成角度来看，中国海洋可再生能源业发展趋势主要体现如下：一是在滨海风电开发基本饱和的情况下，将重点转向海岸风能开发技术装备自主研发和生产，同时加快突破离岸海上风电生产技术装备，并规模化投入商业运用，逐步形成和扩大产业规模。二是发展环境友好型、低水头潮汐发电技术，形成示范运行能力，实现10万千瓦潮汐发电并网运行。三是突破百千瓦级波浪能、潮流能发电关键技术，建成一批多能互补示范电站，逐步实现兆瓦级波浪能电站、潮流能电站的示范并网运行。四是在温差能、盐差能开发利用技术装备研发上实现突破，为产业化示范应用做好技术准备。

（六）海洋交通运输业

海洋交通运输业发展前景主要取决于国内外经济贸易发展态势。虽然近年来受经济危机影响，中国对外贸易水平下降，致使海洋交通运输业增速放慢，但从长远来看，随着"一带一路"倡议与"海洋强国"等战略的推进实施，中国内外贸增速将逐步回升，并带动海洋交通运输业平稳健康发展。

港口物流、海上航线和海上运输船队作为基本的支撑载体，对海洋交通运输业可持续发展具有决定性影响。与经济总量居世界第2位的大国地位相比，目前中国海洋交通运输事业还远远不能适应经济发展，特别是外向型经济发展的需要，主要表现为：码头泊位不足、港口现代化设备数量少、设施陈旧落后、海洋运输船队老化陈旧。

从港口物流发展来看，为适应"船舶大型化、航运深水化和运输集装箱化"的国际港口物流发展趋势，中国今后将进一步完善港口体系，推动港口物流一体化、信息化、国际化建设进程。港口体系建设主要包括新港建设和老港能力提升两方面。今后几年，一些现代化深水新港，如山东青岛董家口、河北唐山曹妃甸等将投入使用，老港口的综合集疏运体系、深水泊位建设、设备设施配置以及信息化改造将大大优化。随着新老港建设进程的加快，将极大地提高中国港口的运营水平和能力，促使港口物流向一体化、大型化、网络化、便利化方向发展。

从海上航线发展来看，由于中国与美、欧、日、加等传统贸易对象国和地区的经贸增长空间有限，因此在稳定原有经贸格局的基础上，发展新的贸易伙伴国将是中国促进国际经贸持续发展的主要策略。近年来，中国已将分布于亚、非、中南美洲及中东等一些资源丰富、战略地位重要的国家和地区，确定为今后对外经贸重点突破的方向。随着对外经贸新市场的拓展，将为培育和发展新兴海运贸易市场、开通新的海上运输航线提供重要的机遇，极大地拓展中国海洋交通运输业的发展空间。

从海上运输船队发展来看，为适应"一带一路"倡议与"海洋强国"等国家战略实施的需要，按照建立结构合理、位居世界前列的海运船队的目标，中国今后将加快调整船舶运输结构，通过淘汰老旧船舶，建设节能环保、技术先进船舶，以提高运输能力和服务水平。同时，通过运用信息技术加强船队管理和运输调度，提升船舶载重利用率，降低运输成本，大大增强在国际航运市场上的竞争力。

值得一提的是，随着我国经济社会的发展和居民消费水平的提高，邮轮旅游已成为新型消费方式，呈现出广阔的发展前景，由此将带动邮轮运输业的发展。2014年3月，中国交通运输部发布《关于促进我国邮轮运输业持续健康发展的指导意见》，提出将通过发展邮轮市场、完善邮轮港口功能、提升邮轮服务水平、加强邮轮行业监管和促进邮轮经济发展，培育形成新的经济社会发展增长点。可以预见，基于人们生活水平的提高以及对新型休闲旅游度假模式日益增长的需求，加上国家政策的扶持，必将推动邮轮运输业的快速发展。

（七）滨海旅游业

海洋、海岸及岛屿风光旖旎，旅游资源丰富而独特，对游客有着极大的吸引力，滨海地区已成为最发达的全球性旅游带，在地中海、东南海、加勒比海、夏威夷、澳大利亚等地区出现了大规模的海滨度假区，几乎所有拥有海岛、海滨的国家和地区都把海岛、海滨视为发展旅游业的一大宝贵资源进行开发。中国滨海旅游业方兴未艾，前景广阔。基于可持续发展理念和旅游体现的多样性需求，中国滨海旅游业未来发展将呈现出以下趋势：

一是滨海旅游产品趋于多样化。在滨海旅游业深入发展和游客需求不断变化的态势下，观光与度假、观光与商务会议、观光与生态、观光与探险、观光与民俗风情、观光与休养保健等复合型旅游产品需求将持续增加。旅游产品的多样化与游客数量的增加，使得各类型滨海旅游产品都有很大的市场规模。为顺应滨海旅游业发展潮流及满足游客多元化需求，中国滨海旅游业将改变传统的以陆地滨海旅游为主的空间开发模式，代之以滨海陆地与海上旅游协同开发，大力发展海上旅游产品，有效地提升滨海旅游层次。

二是滨海旅游趋于大众化。为提高滨海旅游地游客规模，实现经济效益规模化，发展大众旅游将成为中国滨海旅游地的共同选择。大众化旅游发展还体现在游客出游的"短平快"特色，即游客外出旅行呈每年旅游次数增加而每次旅程与目的地减少的趋势。这不仅增加了普通游客的出游概率，也增加了不同旅游地的游览概率，可以有效地提高滨海旅游地的到访率和旅游设施的利用率。

三是滨海旅游业竞争日趋激烈。发展滨海旅游业成为中国沿海各地国民经济发展的重点战略方向，纷纷掀起了发展热潮。但由于滨海旅游资源具有很高的类似性，而且各地的滨海旅游发展战略重点及产品和市场开发方向也具有很高的雷同性，这就造成很多中低端滨海旅游产品的市场重叠性和局限性，在不同的滨海旅游地之间形成了激烈竞争。因此，明确市场定位，开发特色旅游产品，将是培育和发展滨海旅游业竞争力的关键。

四是注重生态环境保护和文化内涵的挖掘。大众化旅游发展对滨海地区自然环境及社会文化的影响日益突出，已经成为制约中国滨海旅游业持续发展的障碍。为了克服传统滨海旅游业的弊端，中国滨海旅游业将出现环境保护和社会文化与滨海旅游结合，创新性地开发滨海旅游产品的趋势，出现融自然、文化及环保为一体的新型滨海旅游开发模式。如在开发旅游度假产品时，更注重滨海旅游资源和海滨环境的保护，更多地将发展重点放在生态旅游或自然旅游产品开发上，将海洋保护区建设与滨海旅游开发有机地结合起来；同时更多地强调旅游地的风俗习惯和地方传统文化特色，实现旅游开发、社会进步和环境维持的多重目标。

第九章　中国海洋经济发展的对策建议

海洋经济发展是由多种要素共同施加作用和影响的结果，这些要素主要包括国家和区域宏观环境、海洋资源和生态环境状态、海洋科技引领和支撑能力、海洋产业发展状况、海洋开发空间等。围绕建设"海洋强国"，推动中国海洋经济可持续发展，要采取有力措施优化影响海洋经济发展的要素体系，不断优化海洋经济发展的基础条件。

一、对接国家战略

"一带一路""海洋强国""创新驱动""生态文明"以及"中国制造2025"等国家层面的倡议与战略，是中国基于当前和今后较长时期国内外经济社会发展态势，进行科学判断提出的拓展发展空间、改善生态环境、实现内涵式发展以及培育国际竞争优势的重大战略举措。这些国家层面的倡议与战略的提出和实施，为中国经济社会发展描绘了崭新的宏伟蓝图，形成了更加清晰的目标导向，同时也为中国海洋经济发展指明了战略方向，提供了更加广阔的空间。对接国家战略，将海洋经济发展纳入国家战略运行的轨道中，充分利用国家战略所带来的政策和空间利好，是实现中国海洋经济可持续发展的基本要求。

要将中国海洋经济发展与"一带一路"倡议深度对接，以"一带一路"倡议实施为契机，加强对相关配套政策措施的开发利用，加强对"一带一路"倡议实施下不断拓展的国际经贸合作空间的利用，加强海洋经济领域资源、投资、贸易和产能的国际合作，以此推动中国海洋经济加快转型升级，不断拓展市场空间，实现规模、质量和效益的同步增长。

"海洋强国"的基本特征是：雄厚的海洋自然物质基础和优良的海洋生态环境；强大的海洋开发能力和海洋经济实力；强大的海洋科技创新能力；高水平的海洋综合管理；强大的海洋权益保障能力。海洋经济发展是"海洋强国"战略实施的核心内容和根本目的，在"海洋强国"战略实施中发展海洋经济，就要遵循"海洋强国"建设的基本要求，以政策推动和管理优化为前提，推动海洋资源开发、海洋生态环境保护、海洋科技创新和海洋权益保障的全面协同发展，为海洋经济发展提供不断优化的物质基础、发展空间和科技手段。

海洋生态文明是国家"生态文明"建设战略的重要内容，同时也是"海洋强国"建设战略的有机构成。海洋生态文明建设涉及内容广泛，包括海洋管理体制优化、海洋生态环保制度创新、海洋生态环保科技支撑体系建设、海洋生态修复工程实施、海洋保护区网络建设、海洋防灾减灾、海洋生态文明社会风尚培育等多方面。实施海洋生态文明建设战略，转变海洋经济发展方式和发展手段是关键。要基于节约环保、可持续的理念，依靠政策和科技创新，推进海洋产业领域节能减排，在生产、流通、消费各环节大力发展低碳循环经济，促进对海洋资源的节约高效利用，大力推动海洋经济的绿色可持续发展。

"中国制造2025"明确提出要重点发展海洋工程装备及高技术船舶、新材料、生物医药、农业机械装备等涉及海洋经济的产业领域。依据"中国制造2025"提出的发展目标和重点方向，要整合利用国家优惠政策，加快培育创新能力，以提高产品设计能力、提升产品质量、培育具有全球竞争力的涉海企业和海洋产业为切入点，推动中国海洋经济由要素驱动向创新驱动转变、由低成本竞争优势向质量效益竞争优势转变、由高消耗高排放向绿色制造转变、由生产型制造向服务型制造转变。

在"一带一路""海洋强国""创新驱动""生态文明"以及"中国制造2025"等国家战略和倡议体系中，以科技创新为主，涵盖制度、管理、产品与服务等多领域的"创新驱动"战略居于核心地位，是其他国家战略实施的主动力和根本保证，也是推动中国海洋经济可持续发展的主体引领和支撑力量。要借助"创新驱动"战略实施重大契机，加快海洋科技创新，为其他国家战略实施提供有力的科技支撑，同时运用高新技术改造提升传统海洋产业和发展战略性新兴海洋，改变过度消耗海洋资源和污染海洋环境的发展模式，提高海洋经济增长的质量和效益，优化海洋产业结构，提升海洋产业竞争力。

二、建设海洋生态文明

以海洋生态文明建设为主线，统筹规划全面推进海洋管理制度与体制、海洋资源开发方式、海洋生态环境保护科技、海洋经济发展模式、海洋生态环境修复与保护以及海洋生态文明社会风尚等要素建设，打造形成海洋生态文明建设合力，加快扭转中国海洋生态环境恶化态势，为中国海洋经济发展奠定可持续的生态环境基础。

（一）推进实施海洋综合管理

由于传统国家海洋管理体制存在职能分散、效率低下、协调性差等问题，难以应对急剧变革的海洋开发新形势。为此，美国、加拿大、法国、日本等发达沿海国家通过构建综合性国家海洋管理架构，形成了一体化国家海洋管理体制和运行机制，大大提高了对国内外海洋事务的迅速反应和应对能力。海洋综合管理代表着国际海洋管理发展的基本趋势，中国应积极学习借鉴发达沿海国家海洋综合管理先进经验，围绕强化权威、提高管理效率、提升管理效益，探索建立高层次领导和协调机构，强化对国家海洋事务的统筹管理与综合协调。同时通过海洋管理体制机制变革，明确中央和地方海洋管理权责，厘清海洋管理职能部门归属，整合执法力量，加强执法机构、执法队伍和执法能力建设，依据协调系统的海洋法规，实施海上统一执法，强化执法效率和效果。

（二）加强制度建设与落实

依据《中共中央　国务院关于加快推进生态文明建设的意见》，制定并实施国家《海洋生态文明建设规划》，打造一批海洋生态文明先行示范区，引领中国海洋生态文明建设的全面推进。加快现有海洋法规的修订和完善，建立与海洋生态文明建设相适应的海洋开发保护政策法规体系。切实落实海洋生态红线制度，严守海洋资源消耗上限、海洋环境质量底线，将海洋开发活动限制在资源环境承载能力之内。科学界定海洋生态保护者与受益者的权利和义务，加快建立海洋生态损害者赔偿、受益者付费、保护者得到合理补偿的制度。推行海洋环境污染第三方治理制度，通过委托治理服务、托管运营服务等方式，提高海洋污染治理的产业化和专业化程度。严格执行涉海管理制度，坚持依法依规引导、规范和约束各类海洋开发、利用和保护行为。加强海洋开发、利用和保护的法律监督、行政监察，加大查处力度，严厉惩处违法违规行为。

（三）提升科技支撑能力

大力鼓励涉海科教机构和企业加强海洋领域基础研究、技术开发、工程应用和市场服务等方面的科技人才队伍建设，培育优秀创新团队，加强对海洋重大科学问题的研究，积极开展海洋生物资源养护、海洋资源节约循环利用、海洋污染治理、海洋生态修复等领域关键技术攻关，推动建立海洋生态文明建设科技支撑体系。建立国家财政稳定支持机制，落实国家税收优惠政策，深入推进海洋产业领域节能减排，着力发展低碳循环经济，促进海洋资源节约高效利用。优化海洋科技创新成果转化机制，依靠海洋科技创新驱动海洋战略性新兴产业健康发展，利用节能低碳环保技术改造传统海洋产业，发展和壮大现代海洋服务业，推动海洋产业结构优化升级，实现海洋经济发展与海洋生态环境保护协同推进。

（四）加强近海生物资源养护

实施基于生态系统的中国近海生物资源开发养护综合管理，严格控制近海捕捞、养殖及各类海上开发活动，为近海经济鱼类生境改善、种群恢复和海洋生态系统功能重建提供保障。建立常态化人工放流机制，增加经济鱼类资源的增殖投入，缩短渔业资源恢复周期。推进海洋牧场建设工程，积极引导社会资本投向海洋牧场建设，优化增殖型人工鱼礁海洋牧场基础设施，提高技术和管理水平，加快实现转型升级。着力发展公益性海洋牧场，培育融环境保护、生态修复、海上娱乐及海水增养殖等功能为一体的新型产业发展模式，建立一批国家级海洋牧场示范区。

（五）实施海洋生态环境修复工程

实施一批流域污染治理项目，严格控制河流污染物入海总量。优化重点城市排污口设置和污水处理网络布局，升级改造污水处理设施，严格控制入海排污口污水排放，限期整治或搬迁污水直排海企业，实现点源污染物排放100%达标。继续实施近海和海岛生态修复工程。严格控制自然海岸线开发利用，严格控制围填海项目，实施破损岸线和沿海滩涂修复工程。

（六）完善海洋保护区网络

开展中国海域代表性生态系统及自然地理资源调查，编制发布《国家中长期海洋保护区建设规划》，建立融海洋自然保护区、海洋特别保护区、国家湿地公园、海洋地质公园、渔业种质资源保护区等为一体的高水平海洋保护区网络体系，对重点海湾及河口湿地，以及重要生态岛屿实施重点保护。制定《全国滨海湿地保护规划》，加强对现有湿地的修复性保护，建立滨海河口湿地保护网络。

（七）健全海洋防灾减灾体系

依托国家涉海科教和管理机构，搭建融管理、科研与信息服务为一体的全国海洋防灾减灾科技支撑平台，完善海洋灾害观测基础设施，升级海洋观测数据网络，实现海洋数据信息共享，提升海洋灾害预测预警水平，实现对赤潮、绿潮、溢油等海洋环境灾害和海水增养殖区、海洋保护区、海上旅游区等重点海域功能区环境质量的立体监测。加强管理架构、制度体系、应急队伍和技术装备条件建设，健全海洋灾害应急响应体系，增强海洋灾害应急处置能力。统筹各方资源，完善跨部门、跨地区、跨行业的应急保障准备，提升应对海洋灾害的配合和协调能力。加强海上交通安全管理，优化海上交通救助机制。开展涉海企业风险排查与安全管理，完善应急预案，提高涉海企业风险防控与应急处置能力。加强沿海地震监测系统建设和地震区划研究，提高海洋工程及沿海地震综合防御能力。

（八）培育海洋生态文明社会风尚

把海洋生态文明教育作为素质教育的重要内容，纳入国民教育体系和干部教育培训体系。将海洋生态文化作为现代公共文化服务体系建设的重要内容，挖掘优秀的传统海洋生态文化和资源，创作一批文化作品，创建一批教育基地，满足民众对海洋生态文化的需求。广泛开展绿色生活行动，推动民众在衣、食、住、行、游等方面加快向勤俭节约、绿色低碳、文明健康的方式转变。完善公众参与制度，及时准确地披露各类海洋环境信息，扩大公开范围，保障公众知情权，维护公众环境权益。健全举报、听证、舆论和公众监督等制度，构建全民参与的社会行动体系。建立海洋环境公益诉讼制度，对污染海洋环境、破坏海洋生态的行为，有关组织可提起公益诉讼。

三、推动海洋科技创新及其成果转化

要充分利用"创新驱动"战略实施带来的重大机遇，完善相关政策，推动管理体制、科技人才、创新平台、投融资、知识产权保护、国际交流与合作、创新创业环境等创新要素建设和优化，促进海洋科技创新链与海洋产业链的紧密衔接，针对海洋经济发展需求，培育形成海洋科技持续不断的创新驱动力，引领和支撑中国海洋经济可持续发展。

（一）推进科技管理体制改革

着眼于公平、公正、公开、效率的原则，加快政府科技管理职能改革，由原来的事务性管理转向战略与政策宏观管理，政府科技主管部门主要负责科技发展战略、规划、政策、布局、评估和监管，科研立项、科研实施和科研评价等事务管理则交由社会机构依法依规实施。通过建立跨部门的财政科技计划统筹决策和联动管理制度、建设综合性科技管理信息平台以及成立科技发展与科技计划专家咨询与评审委员会，以优化政府宏观科研管理机制，促进基础研究、应用开发、成果转化、产业发展等各环节的协调统一。加快推动社会专业机构管理科研项目机制建设，优化管理制度和标准，由专业机构通过科技管理信息平台具体负责项目申请、立项、过程管理和结题验收。完善科技计划评估、动态调整和监管机制，实行科技计划绩效评估通过公开竞争方式择优委托第三方开展制度，政府科技主管部门要加强事中、事后监督检查和责任倒查。

（二）打造一支高水平海洋科技创新人才队伍

鼓励涉海科教机构围绕国家和地方海洋科技创新与海洋产业发展需求，加速学科结构优化步伐，进一步夯实海洋基础学科优势，重点发展海洋工程技术学科，提高海洋产业技术创新人才培养能力，满足海洋生态文明建设和海洋经济发展对高素质工程技术人才的需求。调整和优化涉海职业技术教育专业设置，创新培养模式，着力培养海洋产业发展急需的实用型、复合型技能人才。深入实施人才引进工程，加快从国外引进一批能够突破关键技术、发展高新技术产业、带动新兴学科的战略科学家和创新创业领军人才。加强现有科技人才政策的评估、调整与完善，优化科技人才管理、使用、激励和保障机制，充分发挥政策导向作用，扩充海洋科技人才规模，提升海洋科技人才素质，优化海洋科技人才结构，造就一支具备紧跟国际海洋科技与产业发展前沿、参与国际竞争与合作能力的高水平创新型人才队伍。

（三）优化海洋科技创新与成果转化平台体系

创新体制机制，加大高端人才引进与基础设施建设力度，加快推动海洋科学与技术国家实验室、国家深潜基地等国家创新平台建设，着力打造世界一流海洋科技创新基地。优化涉海国家实验室、重点实验室、工程实验室、工程（技术）研究中心、制造业创新中心（工业技术研究基地）布局，构建开放共享互动的创新平台网络，建立面向涉海企业特别是中小企业有效开放的机制。支持涉海龙头企业建设高层次研发平台，提升承担产业竞争技术和应用基础研究项目的能力，鼓励涉海中小企业以产学研合作形式建设不同层次技术研发中心，提升涉海中小企业对先进适用技术的自主开发能力。推进面向社会统一开放的国家海洋科研设施与仪器网络管理平台建设，完善促进开放的激励引导机制、开放评价体系和奖惩办法，按照统一标准和规范，实时提供在线服务。完善海洋技术交易服务与推广中心服务功能和网上技术交易平台，提高科技成果评估、技术转让、知识产权代理等服务能力，建立健全以涉海企业技术创新需求为导向、以商业化市场交易为机制、以制度与监管为保障、以中介服务机构为支撑的海洋科技成果转化服务体系。创新体制机制，推动涉海孵化器的社会化、产业化、专业化发展，打造一批高端海洋科技孵化和产业化基地，完善苗圃—孵化器—加速器科技创业孵化链条。

（四）确立涉海企业技术创新与应用的主体地位

实施更为积极的人才政策，提高涉海企业对人才的吸引力，激励人才向涉海企业流动、集聚。落实国家财税优惠政策，引导涉海企业加大研发基地建设和创新投入，采取政策引导、吸收社会资本投入等方式，促进海洋科技成果转化应用，大力培育创新型涉海企业。引导开展多种形式的企业主导的海洋科技产学研结合创新活动，优化政策支持体系，在人才、财政、税收、融资支持、风险投资等多方面创造有利于产学研结合创新的良好制度环境。鼓励产学研合作承担重大技术攻关项目，市场导向明确的科技项目由企业牵头、政府引导、联合高等学校和科研院所实施。运用风险补偿、后补助、创投引导等方式，支持涉海龙头企业自主决策、先行投入，开展重大产业关键共性技术、装备和标准的研发攻关，鼓励龙头涉海企业争取国家创新转型试点。发挥政府资金引导作用，支持涉海中小企业灵活运用买（卖）方信贷、知识产权和股权质押贷款、融资租赁、科技小额贷款等方式开展技术创新融资。完善和落实政府采购促进中小企业创新发展的相关措施，加大对涉海创新产品和服务的采购力度。

（五）发展科技金融

建立科技信用评价体系和科技信贷风险补偿机制，创新财政资金使用方式，综合运用风险补偿、贷款贴息、引导基金、政策性担保等方式，引导金融机构增加科技信贷。鼓励银行设立以服务科技型企业为重点的专营机构，支持涉海龙头企业设立科技小额贷款公司、科技融资租赁公司等机构，通过强化专门机构建设提升科技创新融资能力。完善科技成果转化数据库、科技型中小企业数据库和科技金融资源库建设，打造高效互联网科技金融服务平台，实现科技金融、科技企业与金融资源有效对接。加强政府引导，推动保险公司加大力度开展科技保险业务，创新科技保险产品，提高科技保险承保规模和业务比重。加强海洋技术交易市场、专利事务所、会计师事务所、资产评估事务所、律师事务所、咨询公司等各类中介机构建设，提升为涉海科技型企业提供成果评价、技术交易、成果转化、资产评估、融资咨询等服务的能力。

（六）强化涉海知识产权创造与保护能力

发挥涉海科教机构知识密集、原创能力强的优势，鼓励开展前沿、关键技术攻关，加快创造具有市场前景的核心专利技术。加大涉海创新型企业知识产权培育力度，依托涉海企业技术研发平台提高发明专利创造能力，重点在海洋战略性新兴产业领域推动形成一批具有国际竞争力的高端、核心自主知识产权，培育具备知识产权综合实力的优势企业，支持组建知识产权联盟，推动涉海企业开展知识产权协同运用。优化涉海孵化器专利服务体系，提高政策支持力度和配套服务水平，强化涉海孵化器发明专利育出能力。完善知识产权基础信息公共服务平台，引导涉海科教机构和企业加强知识产权管理，促进知识产权中介服务的市场化、法制化、专业化发展，完善知识产权投融资服务平台，大力提高知识产权产业化实施率。

（七）加强海洋科技国内外合作与交流

依托涉海科教机构深化与全球著名涉海科教机构在海洋科技领域的合作交流，推动国际海洋创新联盟建设，推进海洋科技创新国际化、海洋科技成果跨国转移和海洋科技人才交流。鼓励涉海企业根据自身特点和优势，与国内外相关科教机构和企业开展多种形式的产学研合作，整合利用外部研发优势和高端人力资本，提升自身技术创新能力。支持涉海企业以进口、境外并购、国际招标、招才引智等方式引进先进技术，促进消化吸收再创新。积极吸引国内外涉海科教机构和企业在中国开设海洋高新技术研发机构、科技中介机构，加快引进高新技术和高端人才。大力鼓励有经济实力和技术优势的涉海企业"走出去"，在国外设立研究开发机构或产业化基地，支持合作建设海外科技园、企业孵化器等科技成果转化载体。

（八）营造良好的创新创业环境

实施"大众创业、万众创新工程"，建立海洋领域"创新创业"基金，营造众创生态，落实创业扶持政策，增强大众创业动力，提高大众创业能力，形成千军万马兴创业的氛围。培育涉海创客群体，鼓励以创意或技术创新为起点，以市场为动力，以政策为保障，积极发扬创新创业精神，努力实现创新创业梦想。营造创新创业文化环境，加强对大众创新创业的新闻宣传和舆论引导，积极倡导敢为人先、宽容失败的创新文化，树立崇尚创新、创业致富的价值导向，培育企业家精神和创客文化，将奇思妙想、创新创意转化为实实在在的创业活动。

四、发展壮大海洋产业

中国已形成较为完善的且随着海洋开发广度和深度的加大而不断拓展的海洋产业体系，具备了良好的海洋经济可持续发展产业基础。但中国海洋产业还存在布局混乱、涉海龙头企业少、涉海中小型企业竞争力不足等问题，亟待加以解决。

（一）引导海洋产业集聚发展

按照"陆海统筹、全域兼顾、突出重点、集聚发展"的原则，以全国沿海各级各类涉海特色产业园区合理规划和建设为契入点，完善海洋产业集群发展空间载体，实现海洋产业优化布局。高标准建设涉海产业园区，以理念革新、科学管理和科技创新促进园区绿色循环低碳发展，创建生态工业示范园区、循环化改造示范试点园区等绿色涉海产业园区。加强涉海产业园区支撑服务体系建设，落实财税优惠政策，完善基础设施，创新融投资机制，提高信息化水平，鼓励科技创新服务平台、创业服务中心、教育培训机构、信息服务中心等向园区延伸，完善创新创业服务体系，提升服务能力。依据专业化、特色化和集群化的发展思路，引导相关涉海企业依托特色产业园区集聚发展。依托涉海产业园区，加强招商引资，积极吸引和引导具有较高科技含量的外资项目投向现代渔业、海上旅游、海洋装备制造、海洋生物医药、海洋新能源及生产性服务业等现代高端产业。推进国际合作科技园与产业园体系建设，加大涉海园区"引进来"的力度，推动国内涉海园区"走出去"，支持跨国建设合作园区或合作联盟，实现与国外优质创新与生产资源的有效对接。

（二）培育发展涉海龙头企业

落实国家扶持龙头企业发展的各项优惠政策，支持企业开展产学研协同创新延长产业链，加快培育集群中关联度高、主业突出、创新能力强、带动性强的涉海龙头企业。鼓励涉海龙头企业提高国际化经营水平，支持港口、水产品加工等产业领域的涉海龙头企业"走出去"，积极参与国际市场竞争，成长为具有在全球范围配置要素资源、布局市场网络的大企业，完善"走出去"企业风险防范机制。鼓励涉海龙头企业按照国际标准组织生产和质量检验，加快提升产品质量，培育形成具有自主知识产权的名牌产品，不断提升企业品牌价值，加大品牌推广力度，完善售后服务体系，积极拓宽国内外市场空间。加快推动信息技术、企业生产与提供服务过程的融合发展，推进生产和服务过程智能化建设，全面提升涉海龙头企业研发、生产、管理和服务的智能化水平。建立和完善涉海企业家的培养、使用、激励、约束和保护机制，在涉海规划、计划、政策、标准等研究制定中邀请更多企业家参与，扩大企业家在创新决策中的话语权，充分发挥企业家的积极性、主动性和创造性。

（三）推动涉海科技型中小企业发展

落实普惠性政策，激发涉海中小企业创业创新活力，加快培育一批主营业务突出、竞争力强、成长性好、专注于细分市场的专业化涉海科技型中小企业。鼓励银行机构进一步完善适应科技型中小企业的信贷管理和贷款评审制度，优化专门针对科技型中小企业的客户准入标准、信贷审批机制、风险控制政策、利率优惠政策、业务协同政策和拨备政策。鼓励发展知识产权质押贷款、股权质押贷款、信用贷款、产业链融资等金融产品和服务，完善融资风险补偿机制，简化融资流程。加大政策扶持力度，引导和推动涉海科技型企业特别是科技型中小企业在中小板、创业板及其他板块上市融资，切实落实对拟上市和已上市科技型企业的扶持政策。支持有资格的涉海中小企业开展多种形式的债券融资，采取有效措施降低中小企业发债成本，完善信息披露、信用评价和风险分担相关配套制度。降低天使投资基金门槛，扩大支持范围，为初创期科技型企业提供更便捷的资本支持。多渠道加大创业投资引导基金规模，带动社会资本投向科技型涉海企业。鼓励涉海科教机构、龙头企业为涉海科技型中小企业提供技术和管理培训以及技术咨询服务，加强以涉海科技型中小企业为主导的产学研合作技术中心建设，促进人才、技术、资本等创新资源向涉海科技型中小企业集聚。完善中小企业公共服务平台网络，建立信息互联互通机制，为中小微企业提供创业、创新、融资、咨询、培训、人才等专业化服务。发挥中外合作园区载体作用，利用国家间双边、多边合作机制，加大财政扶持力度，引导涉海中小企业"走出去"和"引进来"。

五、拓展海洋领域开发利用空间

中国存在海洋资源空间过度与不足并存、海洋产业国内外合作空间较窄等问题，推动中国海洋经济可持续发展，需要进一步拓展海洋资源利用空间。

（一）实现海洋资源利用空间由近海向深远海转变

针对中国近海目前面临的生态环境恶化、渔业资源枯竭、油气资源开发过于集中、旅游港口资源开发不充分等现实困局，今后工作的重点应是加强近海生态环境修复和保护，严控养殖区扩张、围填海建设项目，统筹管控流域污染、产业污染，减少人为因素对海洋生态环境的干扰和破坏，加快实现近海生态环境的有效改善。要在有序推进对滨海旅游、深港、深水养殖空间等资源的开发利用和合理布局海洋产业的基础上，将海洋空间开发利用的重点向南海和极地、国际公海转移，促进对深海大洋和极地渔业、油气、矿产等战略资源的开发利用。同时，要大力发展深海生物资源、深海油气资源开发利用技术装备，要加强海军保障能力建设，为深远海开发提供有力的科技与军事保障能力支撑。

（二）构建多层次国内外合作网络

立足全球视野，借助"一带一路"倡议实施契机，积极拓宽国内外合作空间，构建多层次合作网络。加强与西欧、大洋洲、北美发达国家间的合作，基于资源、产业、科技、人才等方面的相仿特征和优势差异，按照优势互补、互惠互利、合作共赢原则，加强对对方优势资源的吸收和利用。积极开拓亚、非、南美、俄罗斯区域合作盲点空间，通过国家间经贸协议和友好关系，发挥在海水产品加工、海洋生物制品、船舶与海工装备、海洋工程建筑等产业领域的优势，促进区域产能、人才、技术和资本对接，加快培育发展新市场领域。推进与国内沿海区域间的合作，实现科技文献、科技信息、科研设备、专家库等基础性科技教育资源的联网共享，推动建立基于优势互补的海洋产业协调发展格局，大力支持区域间涉海企业按自愿原则和市场规则实施兼并重组，提高规模化、集约化经营水平，培育具有较强竞争力的涉海企业集团，支持建立跨区海洋管理、海洋生态环境保护联动机制，促进区域间海洋经济与海洋生态环境保护的协同发展。

（三）促进国内外合作形式多元化发展

建立国内外政府间合作协议框架，优化政府间合作与交流工作机制，实现管理、政策和文化层面的有效沟通，为深化科技与产业领域的合作奠定基础。鼓励涉海科教机构积极开展与国内外相关机构的实质性合作，共建技术与科研装备信息交流共享平台以及技术合作研发平台。制定扶持政策，引导和鼓励涉海企业积极开展对外合作与交流，优化配置创新资源和生产要素，促进技术协同创新，共建共用营销网络，携手开辟新兴市场。支持涉海科教机构和企业的个体成员通过多种方式建立私人合作伙伴关系，推动共同学习和协作创新，培育发展创新创业非正式组织网络。着眼于海洋经济发展和社会进步，深化在海洋管理、海洋人才、海洋科技、海洋产业、海洋生态环境保护等领域的全面合作，大力开展人文、社会管理、经贸往来、政策法规建设等方面的交流。加快建设一批跨国合作示范园区，通过示范引领作用，进一步拓展国际产业园合作新空间，打造汇聚国际创新人才、资源、企业的国际化涉海产业园体系，带动海洋产业加快转型升级。

六、深化与"21世纪海上丝绸之路"沿线国家海洋经济合作

实施海洋开发、发展海洋经济、促进海洋可持续发展已成为沿海国家共同的发展战略。深化海洋经济与产业合作，既契合沿线国家实现现代化的诉求，又可带动中国产业结构优化升级，是促进中国与沿线国家经济深度融合的重要途径，是"21世纪海上丝绸之路"建设大有可为的重点领域。

（一）推动与沿线国家的港口合作

以构建中国与沿线国家的港口合作联盟为目标，充分整合中国沿海港口—南海—东南亚—印度洋航线和中国沿海港口—南海—南太平洋航线港口，突出比较优势，强化运力建设和港口腹地能力建设，以服务国际贸易发展为准则，实现港口之间的战略合作，构建起全区域或次区域的港口合作联盟或港口合作网络，推动贸易便利化发展。为构建区域港口合作联盟，在当前及今后一个时期内，中国与沿线国家的港口合作的重点应从加强港口基础设施建设、构建区域港口物流体系、建设港口合作的制度三方面开展。具体而言，一是加快港口基础设施改造与现代化建设，推进港口资源的优化配置，促进区域内沿海港口向大型化、深水化、专业化方向发展。重点实施港口扩能工程，建设一批深水航道、大能力泊位、专用泊位和集装箱泊位，进一步提高港口吞吐能力和服务水平。同时，加大区域内港口内联交通建设，进一步完善沿海港口与铁路、公路联合集疏运系统，提高港口综合运营效率和综合竞争力，建立以港口为龙头的现代海上交通运输体系，扩大港口城市对所在区域的辐射力和影响力。二是构建区域港口物流体系，提高通关效率，通过收购、兼并、联盟等手段，在现有的港口物流网络、运输和仓储能力上进一步扩充实力，扩大相互的市场占有率，并建设、完善集装箱运输系统，开辟国家间港口的集装箱新航线，发展集装箱联运业务。三是建立区域港口合作的制度保障体系，以区域内港口标准化和便利化建设为突破口，加强沿线国家港口规划和管理，支持设立海关监管区

域，建立区域港口合作的信息平台，共建船舶供求信息系统和调度指挥中心，共建贸易代理代运调度指挥中心，维护良好的进出口秩序。

（二）突出对远洋运输企业的鼓励和扶持力度

在"21世纪海上丝绸之路"建设中应充分发挥远洋运输企业的重要作用，打造一支强大的远洋运输船队，提升中国海洋运输能力。首先，应转变经营理念，创新经营模式。远洋运输企业应协调好规模和质量的关系，由注重货物运量、港口吞吐量的增长转变为建立质量、结构与效益相统一的科学经营理念，把提供最优质的服务作为企业追求的目标，在考虑企业效益的同时，严把质量关，力争实现"双赢"。其次，远洋运输企业应主动拆解耗能高、污染重的老旧船舶，避免运力盲目发展，优化船队运力结构，提高船舶的经营效益，形成老、中、青相结合、层次合理、良性循环的船队，缓解运力过剩局面，使航运市场逐步趋向供需平衡。再次，随着中国与"21世纪海上丝绸之路"沿线国家国际贸易的发展，中国应鼓励来自沿线国家的外商设立中外合资企业、中外合营企业从事挂靠我国港口班轮和非班轮运输，从事中国至国际海上运输经营（包括港、澳运输），鼓励外商从事国际船舶代理、国际海运货物装卸、国际海运货物仓储、国际海运集装箱站和堆场业务等。最后，政府应将航运业列为国家战略性重点行业，鼓励远洋运输企业进一步实施"走出去"战略，从税收、融资、补贴、科技投入等方面完善中国航运扶持政策体系，以减轻远洋运输企业运营负担。

（三）强化海洋旅游合作

海洋旅游是"21世纪海上丝绸之路"沿线国家合作的重点产业之一，在未来合作中应突出与沿线国家的旅游基础设施合作。中国与沿线国家或临海国家的多数海洋旅游基础设施都由本国建设，只有在涉及各国临界的岛屿的基础设施建设时才需要相关国家之间协同合作建设。合作建设的重点包括岛屿上的道路、供水、供气、排水、排污、垃圾处理、公共文化娱乐以及相关的航线开发等。在合作建设的原则和要求上，中国与沿线国家海洋旅游基础设施的协作应体现高定位、高层次和高标准的原则，通过相互之间的合作，将中国与沿线国家间的海洋旅游连接成国际上最具影响力的海洋旅游圈。其中，高定位是指在合作中应将该区域的海洋旅游定位为世界最具有吸引力和前沿性的旅游市场，充分发挥各自的特色优势，深入挖掘各地的旅游特色；高层次是指海洋旅游基础设施建设要坚持较现代化和具有前瞻性，防止低水平和短视性的建设；高标准是指建设中所使用的各种标准和设施应有严格的要求，避免在管理上出现漏洞和在设施使用上出现各种问题。

（四）拓展海洋渔业合作

东南亚海域、印度洋、东非国家沿海有丰富的渔业资源，是世界远洋渔业的重点生产基地之一。自1985年中国开始发展远洋渔业以来，在国家的积极推动和大力支持下，中国在印度洋及周边海域的远洋渔业活动取得了长足进步，与东南亚、南亚和非洲国家渔业合作不断深入，签署了与东南亚、非洲国家的双边渔业协定，建立了相关的渔业合作机制，如中非渔业联盟等，为进一步的合作奠定了良好的基础。因此，在"二号路"经济带建设中应从更高层面进行战略布局，坚持"明确定位、规划先行、优化布点、企业跟进、加强管理、完善预警"的总体路径，充分发挥政府、企业、行业组织的作用，形成合力。对已有的布点，鼓励有条件的企业加大投资力度，在主要作业海域的沿岸国建设码头、冷库及渔船修造厂等基础设施，设立加工、销售中心或者综合性经营基地，进一步深化与东道国当地的合作，巩固"二号路"战略布点。对于已密集分布的海域（如西非），中国应鼓励企业加强合作与配合，优化布点，促进共同发展。在未布点或布点较少的海域（如南美海域），应积极与有关国家合作，支持企业到这些海域开展业务活动。

参考文献

[1]李珠江，朱坚真.21世纪中国海洋经济发展战略[M].北京：经济科学出版社，2007：106.

[2]李纯厚，贾晓平.中国海洋生物多样性保护研究进展与几个热点问题[J].南方水产科学，2005（1）.

[3]国家海洋局海洋发展战略研究所课题组.中国海洋发展报告（2014）[M].北京：海洋出版社，2014：154.

[4]张耀光，等.中国海洋油气资源开发与国家石油安全战略对策[J].地理研究，2003(3)：297-304.

[5]李珠江，朱坚真.21世纪中国海洋经济发展战略[M].北京：经济科学出版社，2007：107.

[6]国家海洋局海洋发展战略研究所课题组.中国海洋发展报告（2014）[M].北京：海洋出版社，2014：156.

[7]国家海洋局海洋发展战略研究所课题组.中国海洋发展报告（2014）[M].北京：海洋出版社，2014：155.

[8]国家海洋局海洋发展战略研究所课题组.中国海洋发展报告（2014）[M].北京：海洋出版社，2014：158.

[9]李珠江，朱坚真.21世纪中国海洋经济发展战略[M].北京：经济科学出版社，2007：107.

[10]全国科学技术名词审定委员会.海洋科技名词[M].北京：科学出版社，2007：1-2.

[11]全国科学技术名词审定委员会.海洋科技名词[M].北京：科学出版社，2007：1-2.

[12]马毅.我国海洋观测预报系统概述[J].海洋预报，2008（1）：31-40.

[13]国家海洋局海洋发展战略研究所课题组.中国海洋发展报告（2013）[M].北京：海洋出版社，2013：28.

[14]国务院.全国海洋经济发展"十二五"规划[Z].2012.

[15]国家海洋局.2016年中国海洋经济统计公报[R].2016.

[16]国务院.全国海洋经济发展"十二五"规划[Z].2012.

[17]刘明.我国海洋经济发展现状与趋势预测研究[J].北京：海洋出版社，2010：60.

[18]国家海洋局.2016年全国海水利用报告[R].2016.

[19]国家海洋局.2016年全国海水利用报告[R].2016.

[20]国家海洋局.2016年全国海水利用报告[R].2016.

[21]国家海洋局.2016年中国海洋经济统计公报[R].2016.

[22]国务院.关于促进海运业健康发展的若干意见[Z].2014.

[23]国家海洋局.2016年中国海洋经济统计公报[R].2016.

[24]刘明.我国海洋经济发展现状与趋势预测研究[M].北京：海洋出版社，2010：84.

[25]胡小颖，周兴华，等.关于围填海造地引发环境问题的研究及其管理对策的探讨[J].海洋开发与管理，2009（10）：80.

[26]胡小颖，周兴华，等.关于围填海造地引发环境问题的研究及其管理对策的探讨[J].海洋开发与管理，2009（10）：80.

[27]刘明.我国海洋经济发展现状与趋势预测研究[M].北京：海洋出版社，2010：85.

[28]金翔龙.中国海洋工程与科技发展战略研究（综合研究卷）[M].北京：海洋出版社，2014：60.

[29]国家海洋局.2016年中国海洋环境状况公报[R].2016.

[30]孟伟.中国海洋工程与科技发展战略研究（海洋环境与生态卷）[M].北京：海洋出版社，2014：13.

[31]国家海洋局.2016年中国海洋环境状况公报[R].2016.

[32]王翰灵.建设海洋法治　打造海洋强国战略[N].法制日报，2013-05-28.

[33]唐启升.中国海洋工程与科技发展战略研究（海洋生物资源卷）[M].北京：海洋出版社，2014：262.

[34]吴有生.中国海洋工程与科技发展战略研究（海洋运载卷）[M].北京：海洋出版社，2014：98-132.

[35]周守为.中国海洋工程与科技发展战略研究（海洋能源卷）[M].北京：海洋出版社，2014：360-366.

第二篇

国外海洋
战略和海洋经济发展

第十章　日本海洋经济发展现状及趋势

日本是个四面环海的岛国，其领海及专属经济区面积达到447万平方千米，是其陆地面积的11.7倍，暖流与寒流的交汇形成了日本沿海优良的渔场，受自然资源禀赋的影响，自古海洋就对日本的生产生活等各方面产生深远的影响。海洋资源、海洋环境及海洋安全长期以来一直攸关日本的国运，发展海洋经济、可持续的开发利用海洋成为日本"海洋立国"战略的基础。

一、日本海洋战略及政策

1. 日本海洋战略的法律保障

日本作为岛国历来对海洋具有很大的依赖性，海洋产业是海洋经济发展的基础，由此作为其政策指针的海洋战略实现了从无到有、日益完善的过程。自20世纪60年代起，日本将经济发展重心从重工业、化工业逐步转向海洋开发及海洋产业的发展，尤其重视海洋技术的研发，当时虽然没有独立完整的海洋战略规划，但海洋产业的相关政策却有所体现，并逐步推行一系列行之有效的海洋发展政策，为海洋战略的决策体系的形成奠定了基础。进入21世纪以来，日本开始注重海洋的整体协调发展，将海洋问题提升至国家战略的层面。2005年11月日本海洋政策研究财团提交《海洋与日本：21世纪海洋政策建议书》，由此确立了日本的海洋战略雏形。建议书提出了"海洋立国"的发展目标，阐述了制定海洋基本法的迫切性与必要性，并强调了持续开发利用海洋和综合性管理海洋的基本理念，主张积极参与和引领国际事务，并在制定海洋法律、推进海洋管理制度、完善综合管理海洋所需的行政机构和建立海洋信息机制等方面都提出了具体方案。

海洋利益关乎国家的综合实力，日本于2007年7月颁布的《海洋基本法》，阐明了其"海洋立国"的方针，其基本理念包含：开发利用海洋、保护和协调海洋生态环境、确保海洋安全、提高海洋科研能力、健康发展海洋产业、实现海洋的综合管理以及参与国际协调七方面。其12个基本措施包括：实施海洋资源的开发及利用、保护海洋环境、推进排他的经济水域的开发、确保海上运输、保障海洋安全、完善海洋调查、开展海洋科学技术的相关研究、振兴海洋产业及强化其国际竞争力、沿海海域的综合管理、保护和管理"离岛"、确保国际间协作、增强民众对海洋相关事宜的理解。《海洋基本法》从本质上来说是日本在加强对海洋利益全面控制现有基础上的又一个法律战略抓手。[1]此外，法律要求加大海洋相关领域的投入和保障，以全面维护日本国家权益，尤其强调对海上专属经济区的权益侵害的重视，采取措施保护离岸岛屿的海岸，并改善其居民生活条件等。[2]

2. 日本海洋战略的政策机制

《海洋基本法》第16条明确规定，制订"海洋基本计划"（以下简称"基本计划"）是政府的义务，"基本计划"将提出海洋政策实施的目标，并对相应的政策方针，达成年限等具体事项进行了详细规定。每五年修订一次，在总结前一期的工作成果的基础上，针对发展过程中出现的新形势、新状况进行综合调整，制定未来五年海洋事业发展的方针政策，以实现"新的海洋立国"的目标。因此，"基本计划"是以《海洋基本法》为基础，有计划地综合推进海洋战略的实施。

第一期"基本计划"于2008年3月28日制订。第二期"基本计划"于2013年4月26日年由综合海洋政策本部筹划并推动制订。"基本计划"包含总论及三部分：总论简单扼要地阐述海洋立国基本战略中日本的基本立场及制订"基本计划"的意义。第一部分是海洋政策的基本方针。基于社会局势的发展变化，遵循《海洋基本法》的基本理念，对海洋政策现状进行梳理，从中长期的发展视角，确定未来五年间"基本计划"各措施的施政方向。第二部分是政府统筹计划的相关海洋政策。基于《海洋基本法》规定的12个基本措施，在有关部门的密切合作下，按计划制定综合的海洋政策。第三部分是为推进海洋相关政策实施而必须改进的体制机制问题的规定。在海洋政策的实施过程中，相关机构如综合海洋政策本部、地方公共团体和民间团体要发挥引领作用，各部门之间要做好协调沟通和信息公开等工作。

第一期"基本计划"相对于第二期来说，由于海洋措施的计划验证时间较短，所颁布的多是概述性、抽象性的政策，对于政策的具体规划较少。随着国际资源、经济和环境状况以及日本周边海洋情况的变化，特别是2011年东日本大地震和福岛核泄漏事故的发生，对海洋相关政策的总体规划、加强对突发事件的应急措施的制定更加受到重视，第二期"基本计划"提出推进海洋政策的三个主要方向：首先是全球经济化使得海运和造船业快速发展，促使日本对海底石油、天然气、稀土以及热液矿等海洋能源和矿物资源进行开发。其次是2011年东日本大地震使得日本积极对海上风力、波力、潮流及海洋温度差等可再生能源技术进行研究。最后是加强日本海洋权益的维护，综合管理沿岸海域以及"离岛"的保护和管理。同时加强对深海微生物遗传基因领域的探索，使得海洋医药业、新材料开发等相关产业成为重要发展领域。

3. 日本海洋战略的行政管理体制

日本为实现海洋战略，持续有效地对海洋进行综合管理，《海洋基本法》要求完善海洋政策的组织实施体制。设立了海洋综合管理部门——综合海洋政策本部，其相关事务包括："基本计划"的制订和推进实施；对实施海洋基本计划的相关行政机关进行协调；制定、实施和调整其他与海洋相关的措施。综合海洋政策本部统筹经济产业省、农林水产省、国土交通省、外务省、防卫省等8个涉海省厅的职能，对其进行综合管辖。海洋关系政府行政机构组织如图10-1所示。

综合海洋政策本部由内阁总理大臣担任部长，内阁官方长官和海洋政策担当大臣担任副部长。根据《海洋基本法》，海洋政策担当大臣的职责包括制订日本的海洋基本计划，实施渔业及海洋资源的开发、保护和安全运输等方面的海洋政策，负责妥善解决与周边邻国在海上专属经济区方面的争议。

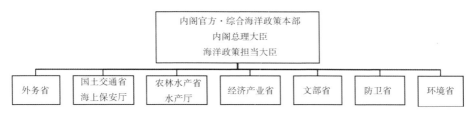

图10-1 日本海洋行政管理体系

4. 日本海洋战略的海洋文化战略观念

日本是个四面环海的岛国，受自然资源的影响，自古海洋对日本的生产生活等各方面就产生了深远的影响。惠于海洋的海洋文化使得日本自1941年起将每年的7月20日固定为"海洋纪念日"。特别是近年来，伴随着海洋的开发和多样化利用，海洋资源的衰退和环境的破坏使日本更加认识到海洋的重要性，由此自1996年将每年7月的第三个周一固定为公众假日——"海之日"。而每年的7月则为"海洋月"，开展各种官方和民间的庆祝活动，如乘船体验、参观造船厂、港口，海洋教育部门、学校设立"开放日"等。日本海洋文化的发展壮大，已经从精神层面的文明，转化为物质方面的建设动力，以真正的"海洋立国"为发展目标，强调可持续地开发利用海洋，综合管理海洋。[3]

同时，通过以政府主导型的产学官联合模式，开拓海洋产业创新，构建培养涉海人才事业。日本学术界、经济界等也相继提出有关海洋问题的政策建议及对策。2005年7月21日，日本学术会议海洋科学研究联络委员会发表了《综合性推进海洋学术的必要性——制定综合性海洋政策的建议》。2005年7月22日，日本国会通过了《部分修订旨在综合开发国土而制定的国土综合开发法的有关法律》，该法首次将利用和保护包括专属经济区及大陆架在内的海域列入国土规划对象。2005年11月15日，日本经团联发表题为《关于推进海洋开发的重要课题》的政策意见书，提出"切实加强大陆架调查""防止、减少自然灾害以及对海洋的污染和破坏""开发海洋资源""整备推进海洋开发体制"四点建议，并呼吁在海洋开发中"产学官"（产业界、学界和政府）应该联合起来，在小学、初中、高中开设海洋教育课，以提高国民对海洋问题的理解与关心。

二、日本的海洋经济发展及趋势

日本发展海洋经济实施"海洋立国"的海洋战略，坚持可持续开发利用海洋和海洋综合性管理的基本理念。海洋产业是基于《海洋基本法》提出的"海洋的开发、利用和保护等相关产业"，包括海洋资源的开发、海洋空间的利用、海洋环境的安全保护以及海洋调查的开展等关联产业。航运产业、水产业、造船业及船舶工业等与海洋有关的产业布局，是负担日本对外贸易和粮食供给的支柱产业，可以说，海洋经济稳定健康发展是支撑日本经济和社会发展的基础。现阶段，海洋经济的发展呈现出以下的特点[4]：（1）海洋经济区域的形成。多层次的海洋经济区域是以大型港口城市为依托，海洋相关技术为先导，集中地方优势，进行适合本地特点的海洋开发。（2）海洋开发向纵深发展。已形成20多种海洋产业，渗透到经济社会的各领域从而构筑起新型产业体系。（3）海洋相关经济活动急剧扩大。海洋经济发展支撑体系日益完善，包括大力发展海洋科技和积极提供公共服务。

（一）海洋渔业

海洋渔业是日本海洋经济的支柱产业，从产业规模来看，虽然海洋渔业占国民生产总值不足1%，但近年来保持持续增长状态。从保障粮食安全的角度来看，虽然近10年来日本的食用鱼类的自给率仅维持在60%左右，但是其国民人均年供给量却从20世纪60年代开始就超过了50千克/年，2014年其人均供给量为51.4千克。从2011年的人均供给量来看，日本是世界平均水平的2.72倍，是中国的1.57倍。

1. 强调可持续发展的近海和沿岸渔业

鉴于自然资源获取的不确定性，日本渔获量在20世纪80年代达到高峰后开始大幅滑落（图10-2）。日本将海洋捕捞按照离岸距离划分为沿岸渔业、近海渔业和远洋渔业三种。为了满足国民对水产品的需求，20世纪70年代到90年代初，日本加强了对近海渔业的开发和利用，迎来了日本海洋渔业的高速发展期。但是受到渔获资源变动情况的影响（主要是远东拟沙丁鱼大幅减少），近海渔获量在90年代剧减，维持在200万吨左右；沿岸渔业相对而言比较稳定，但随着工业化进程的发展、滩涂和藻场受到冲击、海洋环境污染使得渔业资源赖以生存的条件恶化，以及渔民数量减少和高龄化等多方面的影响使得渔获物大幅减少，渔获量维持在100万吨的水平。从渔获物数量来看，2014年仅有337万吨，为高峰期的1/3。

随着渔业技术的进步，进入20世纪90年代后，种类繁多的渔获物使得渔业经营方式也变得多样化，因此渔业管理体制也在同一海域的利益相关者自主管理的基础上不断完善。近海渔业方面，1996年引进了TAC制度，对7种重要经济鱼种设定渔获量上限，由此，日本以渔场利用为主体的传统渔业管理向以生物资源管理为目的的管理模式转变；沿岸渔业是以渔业权制度为基础进行管理的，1983年日本国会通过"资源管理型渔业"决议面对各地渔业资源状况实施有针对性的自主资源管理，结合TAC制度，2002年开始实施以改善资源状况

为目的 "资源恢复计划"。自2011年开始实施 "资源管理——稳定渔业经营计划"，以沿岸、近海及远洋渔业为管理对象，由国家行政机关、研究机构和渔业经营者全体参与，为确保水产资源可持续发展和稳定渔业经营实施相关补偿的措施。

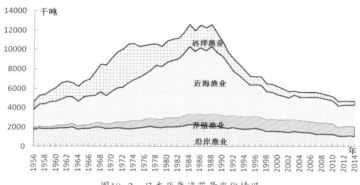

图10-2　日本历年渔获量变化情况

日本水产综合研究中心长期对周边海域的渔业资源进行监测，主要采用资源水准和资源动向两个指标，对52个鱼种、84个种群的资源水平进行评估。资源水准分 "高水准、中水准和低水准" 三个档次，资源动向则设 "增加倾向、不变和减少倾向" 三个等级。根据2015年评价结果来看，资源水准高的种群有16个（占19%），中水准的种群有26个（占31%），低水准的种群有42个（占50%）。从近年来资源水准的变化情况看，低水准的比重呈逐渐减少的趋势，而中、高水准的比重呈增加态势。而资源动向指标中有增加倾向的种群的比重由2004年的19%增加到2013年的34%。由此可见，日本的 "资源管理指针" 等渔业管理制度对日本周边水域的渔业资源起到了保护作用。[5]

2. 变革期的水产加工流通业

日本水产品的一般流通路径，包括产地市场和消费地市场两大领域。在产地市场，通常是由生产者委托批发商销售，再以各种形式销售给二级批发商，再销售给消费地的批发市场或者直接卖给零售商。小规模的产地市场，形成指导价格能力弱，因此通过市场合并和实施集约化等手段谋求指导价格能力的提高。在消费地市场，通常是生产者委托经销集团销售，然后由批发商销售给中间商，最后销售给零售商供给消费者。现阶段，水产加工流通业正处于变革期，不经过产地市场和消费地市场完整流通过程的 "场外流通" 开始流行，

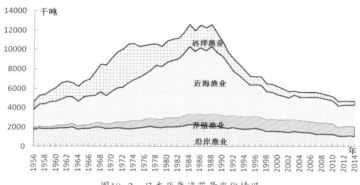

2009年经由"场外流通"的交易方式占42%，未进入市场进行流通，主要有这些形式：由产地小型经销商直接销售的产地直送型，消费者到产地观光时购买的观光直售型，以及消费者通过互联网购买的网络销售型，而加工用的水产品由产地市场或部分渔业经营者直接供给加工企业，现阶段这种直接交易方式相对于零售商交易的比重逐渐上升。

由于水产品具有易腐蚀的特点，通过水产品加工使得其更容易保存并且提高了水产品的附加值。随着"简单化饮食"的消费理念的传播，使得水产品加工业受到重视；而且水产品加工生产所剩余的边角料可以加工再生产，例如鱼贝类的废弃物中近30%可以作为鱼粉、鱼油的原料再利用，牡蛎壳可以作为土壤改良剂和饲料进行再加工。2015年日本水产品出口量比前一年增加56万吨，出口金额增加18%，总额为2757亿日元，占整个食品制造业的出口额的一成以上，其中约六成的食用鱼的国内消费量为水产加工产品，其重要地位可见一斑。九成的水产加工企业位于沿海市的渔村中，成为渔村的支柱产业。由于本土渔获量的减少，水产加工原材料也随之减少，为了保障稳定的水产品加工供应量，进口水产品供应呈逐年增加趋势。

消费与流通两者是相辅相成的，并不是独立存在的。因此，随着水产品消费品种结构向多样化、高档化转变，消费形态向多元化转换，消费的地域差异逐步消失，以及消费者喜好的差异，使得个性化产品和高附加值产品出现。为了适应消费需求的转变，也将不断优化流通规模、结构、渠道和流通主体。日本"水产基本计划"针对现阶段海洋渔业的变化状况，其基本指导方针侧重于以下四个方向：（1）东日本大地震的复兴。2011年东日本大地震，经过对受灾物和社会影响的重建工作，取得了一些成效。截至2012年，各方面的援助已达8000亿日元，至2013年9月受灾地区三成渔港岸壁得到修复，八成渔船得到修理，渔获量和加工设施得到七八成的恢复。（2）渔业资源管理的灵活性。（3）确保提供"安心安全"的高品质水产品以推进消费市场的扩大。（4）增加渔村活力。

（二）海运业和造船业

日本是四面环海的岛国，其所必需的资源能源大部分依赖进口，作为传统海洋产业的海运业和造船业是支撑日本国民经济的基础，也是日本传统的海洋产业。日本海运业包含外航海运业和内航海运业。

1. 外航海运业

全球金融危机使得国际贸易萎缩，同时造成全球海运业低迷。外航海运业发展的主要制约因素是日本船籍的船只数量的减少和大吞吐量港口的缺乏。为提升日本海运业的国际竞争力，"基本计划"借鉴欧洲海运强国的经验，以提高日本船籍船只数量和增加日本籍船员人数为目的，制定了以吨数为标准的外航海运的税制措施。具体内容如下：日本船舶保有量保持在450艘的水平，并制定日本籍船员人数在2008年后的10年里增加1.5倍的发展目标。通过几年的实施，2014年日本籍船舶数量已达184艘（比前一年增加25艘），船员人数增加到2263人（比计划开始时增加了2.1倍)，船舶保有量和船员数量都有所提升，可见外航海运业的促进作用已初见成效。

2. 内航海运业

内航海运业呈现以下特点：（1）内航运输业是日本重要的运输手段。2013年内航运输承担了日本43.9%（基于运输吨数）的国内货物运输量，其中钢铁、石油等产业发展的基础物质占了八成。此外，从2011年东日本大地震的赈灾经验看，当大规模灾害发生时，就日本而言，内航海运对受灾地区人员和物资的救援发挥了重要作用。（2）内航海运是连接海岛的必不可少的公共交通。受船舶数量和从业人数减少的影响，在国际竞争日益加剧的背景下，产业规模化发展要求物流成本的缩减，内航海运业的重要性日益凸显。然而，日本的内航海运业规模较小，99%属于中小规模（包含只有一条船舶的从业者）。受企业规模的影响，船舶的老化问题、航运安全问题和船员老龄化都是制约内航海运业发展的因素。如图10-3所示，超过14年的"高龄"船数占总船数的

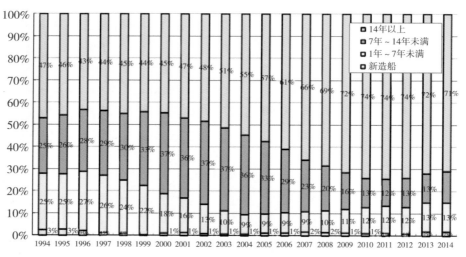

图10-3 历年日本船舶船龄构成

七成以上。针对内航海运业所面临的问题，第二期"基本计划"实施的重点举措落实在以下三点：加速老龄船舶的改造和更新；完善海上输送据点的战略港湾的机能；加强海运管理企业的集团化发展。

3. 造船业

鉴于日本岛国的地理条件，海洋运输船舶的稳定生产供应，是其发展其他经济必不可少的基础，作为劳动、资金、技术密集型产业的造船业，也为地区的经济发展和解决就业做出贡献。无论是以家族为单位的建造木船的小规模公司还是综合的大型重工企业，目前日本造船业的规模达到1100个生产企业，8万名从业人员，年生产额高达2兆日元。日本国内的造船业主要集中在濑户内海地区以及九州北部。

日本的造船业是其出口率较高的产业，以总吨数为基础的出口率达到81%，在国际市场具有较高的占有率。但如图10-4所示，以雷曼兄弟破产为契机，当日元持续升值时（2011年1美元兑换76日元），导致自2000年以后日本造船业处于低迷期，韩国和中国在这种激烈的竞争环境下脱颖而出，中国造船业所占份额由2000年的5%上升到2014年的35%。受汇率贬值的影响，自2012年日本的造船业订单开始回升，订货量的总吨位由2012年的738万吨增长到2013年的1426万吨和2014年的1928万吨。

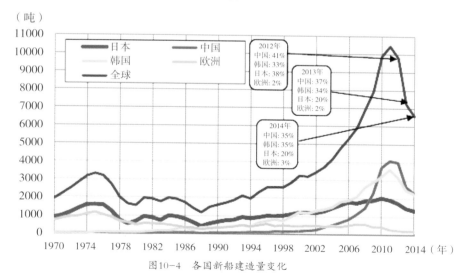

图10-4　各国新船建造量变化

在这种情况下，日本制定了振兴造船业的战略措施，增强了其国际竞争力。国土交通省制定了三个主要目标：

（1）增强国际竞争力，通过技术创新增加市场份额。日本造船业的优势在于先进的船舶能源节约技术，此技术最大的优势在于有利于对海洋环境的保护。新目标就是将节能技术进一步发展，具体表现在船舶硫氧化物、氮氧化物和二氧化碳排放量的消减，以及民间企业对船舶新能源的开发利用技术的大力支持等，通过技术开发和技术普及促进国际框架一体化的完善。

（2）促进企业联合和产业整合。与中国和韩国的造船企业相比，日本造船企业的平均规模较小，增强国际竞争力要求造船业包括设计和研发期间的科技开发能力、增加市场占有率的营销能力的加强，以及制定最适合产业发展的生产体制。制定《产业活力复苏和产业活动革新相关特别措施法》作为造船业的业界指导法规，但2014年1月该法被废止，由被扩充的《产业竞争力强化法》代替。由于销售能力增强，一部分造船企业为提高生产效率通过设备投资扩大企业规模，如2015年1月今治造船接到世界最大型206000TEU大型集装箱订单，为扩大生产能力，建造超大型船坞——丸龟事务所；2015年1月三井造船则通过引进新设备和整备内部工作流程以降低成本，最终达到提高企业竞争力的目的。

（3）"新市场、新事业"的拓展。通过技术优势，进入"新市场、新事业"以保持造船业的持续性发展。日本造船业的重心已经开始向特殊功能、高效能和环境低负荷船舶推进。随着海洋资源和能源的大力开发，大规模的内航驳队装备、浮体式液化气生产储运设备、海上物流中心等新概念船舶的开发将成为日本造船业发展的新方向。

（三）海洋能源和矿物资源开发

日本海洋专属经济区面积居于世界第6位，海洋资源丰富，作为岛国，日本的能源和矿物资源一直依赖进口，随着海洋开发商业化进程的加快，资源开发技术的不断进步，世界范围内的能源价格升高，出于对能源和矿业资源供给的稳定性和廉价性的考虑，日本对海洋能源的利用逐步提上日程。

石油、天然气方面。日本国民经济的发展，促进了其国内石油和天然气事业的开发进程，以勘探国内能源的资源存储量和扩大生产量为目标，对石油和天然气进行基础性储量调查成为研究的重大课题。基础性物理性资源调查自2007年开始实施，并撰写详细的地质情况报告，截至2012年末，已结束对日本周边21个海域25000平方千米的调查。通过勘察制订资源试掘方案，如调查数据显示在新潟县佐渡南西部沿海约1130米水深处有石油和天然气，2013年在该海域进行试掘。

天然气水合物方面。天然气水合物是天然气气体和水分子的晶格包络物，在低温高压环境下以结晶形态存在，只要将天然气和水分子分开，就能获得普通的天然气。通过BSR等指标推定日本周边海域天然气水合物的存储状况约为122000平方千米。虽然早在1890年人们就认识了天然气水合物，但由于采集困难，直到2001年，日本经济产业省制订《我国天然气水合物开发计划》，对其进行开发研究。2008年减压法在陆地实验成功，2009年开始在周边海域进行实验。2012年在渥美半岛至志摩半岛区域实施了世界第一次天然气水合物产出实验，在实验的6天时间中生产了120000立方米的天然气。通过实验，对利用减压法分离天然气的生产技术、生产状况和对周边环境的影响等方面积累了重要的一手数据，为将来天然气水合物商业开发做好了技术准备。

海底热水矿床资源方面。海底热水矿床是基于海底热水活动下所形成的多金属矿床，含有丰富的铜、铅、亚铅、金银等有用金属，位于水深700~2000米的海底。到目前为止，日本近海于冲绳海域、伊豆小笠原海域等海底发现了海底热水矿床。2009年3月，经济产业省规划了"海域能源矿物计划"，主要是针对资源量评价、环境影响评价、采矿的资源技术开发、精炼技术以及经济性评价等方面进行商业化生产研究。2012年1月竣工的海洋资源调查船"白领丸"可以实施高精密度的地形调查和海底电磁探测等。2013年1月在伊是明海洼发现热水矿床，表面和深部的资源量大约有5000万吨。

2013年新的"海洋基本计划"指出实施的基本方针是海洋产业的振兴和海洋性产业的创新，要求最大限度地发挥海洋资源的潜力。为顺利实施基本方针，分以下四个步骤实施：（1）政策目标的制定和资源产业相关法规的整理准备。（2）R&D在内的产业基础的构建。（3）推进相关海洋产业的商业化进程。（4）商业化竞争力的加强。中长期重点推出的海洋能源开发的目标包括：海洋石油和天然气开发领域，实现产业化以增强国际竞争力，以深海技术开发成果指导海洋资源开发产业；天然气水合物方面，经过多年的调查研究和成功的海域产出实验，可以推进民间主导的商业化计划；海底热水矿床方面，则侧重联合民间企业继续相关技术研究。

（四）海洋再生能源和其他海洋相关产业的开发

1. 海洋可再生能源

最大限度地使用节能能源和可再生能源是应对全球变暖，节约自然资源的有效对策。太阳能和陆地风能都是常见的可再生能源，而海上浮式风力发电是海洋可再生能源的代表。日本设有两个海上浮式风力发电试验点，一个是环境省主持的五岛冲海上浮式风力发电场（2011—2015年），另一个是经济产业省主导的福岛复兴海上浮式风力发电场。作为核能的替代能源，风力发电在欧美被重点研究，日本则提出"海洋再生能源产业国家战略特区"的提案，重点推进海上浮式风力发电并商业化运作，研究其他可再生能源转化技术（海流、波力、潮汐、海洋温度差等海洋可再生能源）并实现产业化和规模扩大。

2. 海洋调查和信息产业

海洋情报的一元化管理和公开是"海洋基本计划"的重要课题，海洋信息能为其他海洋产业的开展提供必要的资料，另一方面又带动技术进步和产业升级，因此海洋信息开发是海洋政策实施和推进产业活动进程的基础。海洋信息开发关联产业中，传统的海洋资源勘探、调查观测主要作为公共事业，由政府机关(气象厅、水产厅、海上保安厅)、独立行政法人(海洋研究开发机构、石油天然气金属矿物资源机构、水产综合研究所) 以及地方自治体等提供，主要服务包括海流预测信息服务、气象海象信息服务、渔况海况信息服务等公共信息服务。[6] 随着海洋产业的发展，海洋调查和技术开发多是由研究机构和教育机构共同开发，研究机构和民间企业联合提供。

3. 海洋生物相关产业

海洋拥有多种多样的生物资源，不仅是人们生活必不可少的食物来源，目前作为开发利用的海洋生物产业主要是指来自海洋藻类的作为海洋能源资源的燃料生产，以及保障人类健康的海洋生物医药产业。目前形成规模的海洋生物产业包括天然化合物和酵素类产品，而海洋生物医药则侧重于海洋无脊椎动物提炼的抗生物质等提高免疫力制剂的研制。

第十一章　美国海洋战略及政策

一、美国海洋战略与政策

美国是海洋大国，海岸线长达22680千米，其专属经济区海域面积达到340万平方千米，海洋及相关产业已成为美国经济支柱性产业之一。早在20世纪中叶，美国就非常重视海洋战略措施的制定。1945年，美国总统杜鲁门发表《大陆架公告》，主张美国对邻接其海岸公海下大陆架地底和海床的天然资源拥有管辖和控制权。1966年，美国总统约翰逊签署批准《海洋资源与工程开发法令》，宣布美国的海洋政策。1969年，美国总统委员会提出著名的"斯特拉特顿报告"，促使美国提出并实施保护和开发海洋的许多计划，并确保美国在世界海洋领域的领先地位。20世纪60年代，美国又率先提出"海岸带"的概念，随后提出"海洋和海岸带综合管理"的概念，并于1972年颁布《海岸带管理法》。海洋和海岸带综合管理概念的提出，引发了世界性的海洋管理革新，沿海国家纷纷效仿海岸带管理理念与管理模式。到1992年，海洋和沿岸综合管理理念被国际社会认同，在世界环境和发展大会上，写入21世纪议程。

美国海洋战略引导海洋经济持续发展。2000年，美国海洋产业对美国经济的直接贡献为1170亿美元，创造的就业机会有200多万个，沿海地区每年对国家的贡献达到4.5万亿美元，占全国国内生产总值的1/2，提供了约6000万份工作[7]。2010年海洋经济人均GDP达到9.3万美元[8]。

同时，美国海洋经济蓬勃发展也使海洋和沿岸生态环境遭受的负面影响越来越严重，海洋和沿岸污染加剧，水质下降，湿地减少、鱼类资源遭到过度捕捞。这使得美国政府不得不重新审视美国的海洋政策。1998年和2000年美国两次召开全国海洋工作会议，并与2000年通过《2000年海洋法令》，成立了国家海洋政策委员会，重新审议和制定美国新的海洋战略。

此后，美国政府陆续出台了《21世纪海洋蓝图》《海洋行动计划》《2010—2012年优先问题领域工作计划》《国家海洋政策执行计划》《21世纪海权合作战略》等海洋政策法规，修订了《海岸带管理法》《渔业养护和管理法》等。美国更加积极地参与国际海洋事务和海洋政策的制定，譬如，支持正式加入《联合国海洋法公约》，支持建立全球海洋观测系统（GOOS），确立美国对综合大洋钻探计划（IODP）的领导权，加快开展国际海洋科学研究，以此维护和巩固其在全球海洋领域的领导地位。这些战略与政策的制定与实施，不仅对美国海洋工作，对世界海洋经济的发展都产生了重大影响。

（一）《21世纪海洋蓝图》

美国《21世纪海洋蓝图》是自1969年"斯特拉特顿报告"以来美国海洋领域又一次重大举措，它将改变美国自那时起执行了30多年的海洋政策和战略。《21世纪海洋蓝图》共分为九部分[9]。

1. "我们的海洋：国家财产"。其主要内容包括对海洋的认识和存在的挑战，基于对过去的理解形成新的国家海洋政策、海洋前景等。分别对美国海洋海岸带资源利用的情况和破坏状况，美国有关的海洋政策进行评价。对海洋的经济与就业价值、海洋运输和港口价值、海洋渔业价值、海洋能源、矿藏及各种新兴产业的利用价值、对人类健康和生物多样性的价值、旅游娱乐价值以及非市场价值等的分析，评估美国海洋和沿岸财富，从而认识到海洋是国家的资产及其面临的挑战；回顾过去的海洋工作，制定新的海洋政策，并强调从今天开始，就要为后代着想，确定国家未来的海洋发展前景，说明制定新的海洋政策的重要性。

2. "变革的蓝图：新的国家海洋政策框架"。其主要包括提高海洋管理能力和增强合作、推进区域管理的方法、联邦水域管理协作、加强联邦机构建设等，对当前美国海洋管理体制进行评价，并就海洋管理的改革方向提出建议。为改变过去分散零碎的海洋管理方式，提出加强海洋工作的领导和协调，改革海洋管理体制，加强联邦部门机构尤其是国家海洋大气局的职能和机构建设。成立国家海洋委员会、总统海洋政策咨询委员会和区域海洋委员会。

3. "海洋管理：教育和公众意识的重要性"。其主要内容为提出要强化民族的海洋意识，建立协作的海洋教育网，协调海洋教育；研究和教育相结合，在中小学教育中融入海洋教育，加强对高等教育和未来海洋工作力量的投资，满足未来对海洋队伍的需要；要对所有美国人进行终身的海洋教育。

4. "生活与边界区域：海岸的经济增长与保护"。其主要内容是加强沿岸规划与管理，将沿岸管理与流域管理相结合，将沿岸管理与近海管理相结合，增进对沿岸生态系统的了解，加强沿岸及其流域管理；加强对自然灾害的评价、改善联邦政府对灾害的管理，保护民众的财产免受自然灾害的影响；加强对沿海生境进行保护和恢复；要制定沉积物管理区域战略，权衡海岸疏浚的利弊，对沉积物和海岸线进行管理；要支持海洋贸易和海洋运输。

5. "清洁的水域：沿岸和海水水质"。其主要内容包括对沿岸水域污染状况的分析，提出减少污染源、提高对点污染源的关注和解决大气来源的污染，解决沿岸水域污染问题；要通过综合协调创建有效的国家水质量监测网络；要加强船舶安全和环境适应性，控制船舶污染；提出要采取措施确定引进非本国物种的主要途径，加强对侵略性物种的控制，防止入侵物种扩散；减少海洋垃圾，包括评估海洋垃圾的来源及其造成的后果，减少渔具垃圾、确保为船舶上的垃圾处理提供适当的便利。

6. "海洋的价值和重要性：提高对海洋资源的利用和保护"。其主要内容是对美国30多年来的渔业管理、海洋生物面临的风险、珊瑚生态系统的状况进行评价，提出要建立科学的可持续性渔业，强化渔业管理，提高渔业增值，减少对渔船的过度投资，加强国际渔业管理；要评估对海洋种群的威胁，明确对海洋哺乳动物和濒危物种的责权，扩大对海洋哺乳动物、濒危物种保护的研究和教育，转向基于生态系统对海洋哺乳动物、濒危物种进行的保护；要对珊瑚礁系统、海底草场系统进行评估，加强管理，促进国际珊瑚礁倡议的实施；要解决环境对海洋水产养殖业的影响，促进国际合作，把人类健康与海洋联系起来，最大限度地利用海洋生物产品，减少海洋微生物对地方健康的影响，实施人类健康保护计划；加强海上油气资源的管理，开发海上可再生能源以及加强其他矿产资源的管理。

7. "在科学基础上的决策：促进我们对海洋的认识"。提议要增强海洋科学知识的国家战略，包括制定国家战略和国家海洋考察计划，协调和巩固海洋测量和制图业务；促进对海洋和沿岸气候、生物多样性、社会经济等的研究；要建立可持续的综合海洋观测系统；要加强海洋基础设施和科技发展，包括支持用现代手段进行海洋和沿岸活动，为急需资产的现代化提供经费，创建海洋技术中心；要使海洋数据和海洋信息系统现代化，包括海洋数据转换成为有用的产品，彻底改造目前的数据和信息管理，以满足新世纪的挑战。

8. "全球海洋：美国在国际政治中的参与"。回顾了国际海洋秩序的发展，对国际管理中逐渐出现的挑战进行分析，提出通过国际海洋科学项目、全球海洋观测系统及其他国外科学研究活动促进国际海洋科学发展，在保护海洋方面要扮演全球角色，制定和实施国际海洋政策，包括执行《联合国海洋公约》以及其他与海洋有关的国际协定等，加强国际海洋科学和管理能力建设。

9. "前进：实施新的国家海洋政策"。对实施新的海洋政策的资金需求和可能的来源进行分析，提出建立海洋政策信托基金，加大资金投入力度。主要投资项目包括国家海洋政策框架、海洋教育、海洋科学与调查、海洋监测、观测与制图以及其他海洋和沿岸项目。

美国《21世纪海洋蓝图》提出的212条建议，涉及海洋和沿岸政策的方方面面，其中心议题是：制定新的国家海洋政策框架，促进海洋科学研究和教育的发展，将海洋资源管理和沿海开发转向基于生态管理的目标，加强对联邦部门活动和政策的协调，完善基于生态系统边界的区域管理以及加强海上多用途的协调管理。

（二）《海洋行动计划》

2004年出台的《海洋行动计划》主要分为六大部分，其主要内容如下[10]。

1. 加强海洋工作的领导与协调。在商务部内部加强国家海洋大气局的机构建设，建立新的内阁级海洋政策委员会，支持五大湖区恢复和保护海洋环境的部际间协作，支持墨西哥湾区域合作伙伴关系；执行合作保护海洋环境和自然资源的行政命令和促进海洋管理、促进区域渔业管理等计划，加强对联邦海洋工作的协调与管理。

2. 加深对海洋、沿岸和大湖的了解。制订海洋研究重点计划和实施战略，建立全球海洋观测网，研制先进的海洋调查研究船，创建全国水质检测网，协调海洋和沿岸制图工作，贯彻关于海洋和人类健康、有害藻华的立法以及海洋教育的协调工作，不断扩展人们对海洋、沿岸和五大湖的科学知识。

3. 加强对美国海洋、沿岸和大湖资源的利用和保护。所要做的主要工作有：实现海洋渔业的可持续发展，加强对珊瑚礁和深海珊瑚保护的宣传教育，加强对海洋哺乳动物、鲨鱼和海龟的保护，促进近海水产养殖，改善海洋保护区，管理外大陆架的能源开发以及保护国家的海洋遗产。

4. 管理沿岸及其流域。主要工作有：对沿岸及其流域的管理，通过美国农业部土地法案促成流域的保护，保护和恢复沿岸生态，防止入侵物种蔓延，减轻沿岸水域污染以及通过新的法规减少沿岸水域的大气污染。

5. 支持海上运输。包括海洋运输系统部际委员会升格，实施联邦政府的国家货运行动议程，评估海上短程运输，减少对海洋运输系统用户的税收，改善及减轻船舶污染。海洋航行安全是国家关注的重要问题。超过95%的美国国际贸易都是通过国家港口运输实现的，而这些被运送的货物中有50%属于有毒有害物质，海洋运输影响海洋经济发展的潜在风险显而易见。

6. 促进国际海洋政策与科学研究。包括支持美国政府加入《联合国海洋法公约》，建立伙伴关系，增加《伦敦公约》成员和加强《伦敦公约》的实施，支持海洋管理和减少陆源污染的综合途径，批准MARPOL公约修正案以及贸易与国际海洋政策。促进国际海洋科学研究，主要工作包括促进大海洋生态系统的利用，把全球海洋评价系统同全球对地观测系统结合起来以及对综合海洋钻探计划的领导。

（三）其他主要战略与政策

1. 《海洋国家的科学：海洋研究优先计划》（以下简称《海洋研究优先计划》）。作为科技发达国家，2007年美国首次制订了《海洋研究优先计划》，2013年美国奥巴马政府再次修订了2007年的《海洋研究优先计划》，颁布《绘制美国未来十年海洋科学发展路线——海洋科学研究优先领域和实施战略》以进一步推动对海洋的科学研究。美国的《海洋研究优先计划》列出了六大社会主题：海洋自然资源与文化资源管理，提高自然灾害和环境灾害的恢复力，海洋运输业务活动及海洋环境，海洋在气候变化中的角色，改善海洋生态环境以及探索海洋与人类健康的关系。

2. 《国家海洋政策》。近年来海洋资源开发和利用的广度和深度不断增加，决策者面临许多新的挑战。美国总统奥巴马于2010年颁布了13547号行政命令《国家海洋政策》。根据《国家海洋政策》，成立了由环境质量委员会、科技政策局、海洋与大气管理局等27个联邦机构组成的美国国家海洋委员会。

3. 《国家海洋政策执行计划》。2013年美国国家海洋委员会正式公布了《国家海洋政策执行计划》。该计划列举了联邦政府机构依据应用科学原则和国家公共投入政策应采取的六方面措施，在满足美国经济发展需要的同时，致力于平衡美国海洋、海岸以及北美五大湖在内的生态环境保护和经济发展需要。相比以往，该计划强调在联邦政府、州政府、地方政府、涉海社会团体，以及沿海部落群体、涉海企业之间建立更加有效的协作关系，同时鼓励州政府和地方政府参与联邦政府海洋政策制定过程。

该计划明确了联邦政府应采取的六方面具体措施：一是提供更好的海洋环境和更精准的灾害预测，以保护沿海民众与消费者的身体健康和人身安全；二是共享更多和更高质量的有关风暴潮和海平面上升的数据资源，这将有助于沿海地区预防海洋灾害；三是支持区域和地方政府在考虑自身权益的前提下自愿性地参与联邦政府海洋保护与发展计划；四是在保护公民健康、安全和海洋环境的同时，对于涉海产业和相关纳税者，要减少联邦政府批准其有关申请所耗费的时间与资金；五是要恢复重要的海洋生物栖息地，保护海洋生物种群和健康的海洋资源；六是随着人类北极开发活动的增加，要提高科学预测极地自然条件和防止其对人类社会发展产生消极影响的能力。

4. 《21世纪海权合作战略》。2015年美国发布了新的国家海洋战略《21世纪海权合作战略》报告，详细阐释了美国的新海洋战略。这是新世纪以来美国发布的第二份国家海洋战略报告，也是奥巴马政府发布的首份国家海洋战略。新海洋战略报告认为，从美国西海岸延伸到非洲东海岸的广阔印度—亚洲—太平洋地区对美国经济及安全的重要性与日俱增，美国要依靠自身海军力量保护美国在该地区的利益，维护海上交通线安全，维护地区稳定。新国家海洋战略报告更加重视印太地区、强调与盟国及伙伴国的军事合作关系、关注中国海军发展、重视反介入和区域拒止能力建设，同时也更加明确地要求美国国会大力支持海军建设，确保美国的海上霸权。该报告提出了"全域介入"概念，即保证美国在海洋、空中、陆地、太空、网络及电磁等任何领域的行动自由，确保美国的全面技术优势和军事行动能力。

二、美国海洋经济发展趋势

美国是世界上主要的海洋经济体之一，海洋在其社会经济发展中占有重要地位。根据美国"国家海洋经济监测"系统（ENOW）与全国海洋经济计划（NOEP）界定的海洋产业分类体系，美国海洋经济主要由六大产业构成：海洋建筑、海洋生物资源、海洋矿产、海洋造船、海洋旅游休闲、海洋交通运输产业，其中海洋旅游休闲和海洋矿产（主要是油气产业）规模较大，两大产业合占海洋经济增加值的70%以上，其余四个产业规模相对较小[11]。美国把海洋资源开发、海洋经济发展作为国家战略加以实施，在经济、政治、科技、文化等领域形成了新的海洋观。美国海洋经济发展趋势主要有以下几方面（表11-1）。

表11-1 美国海洋经济划分

海洋经济的确定

海洋经济可以划分为以下部门和产业：

·生物资源（捕捞渔业和水产品加工业、水产养殖业、海藻捕捞业）

·海洋建筑（码头建设、疏浚、海滩修复）

·船舶制造

·海洋交通运输（货运和客运以及海上交通运输的设备制造）

·矿产资源（油气开采、砂石和砂砾开采、其他混合矿产资源开采）

·旅游和娱乐（饭店、住宿、娱乐服务、游艇码头和船舶经销）

以下两个部门很重要，但由于缺乏数据，尚未纳入海洋经济活动：

·科学研究（海洋学、生物学和生态学）

·政府部门（联邦政府，州政府及当地海洋资源使用或管理机构）

上述有些产业与海洋有关是因为它们的生产与海洋有关，如货物和旅客的海洋交通运输。其他产业之所以属于涉海活动，是因为它们的地点与海洋有关。在旅游和娱乐业中，如当旅馆或娱乐服务活动发生在沿海地区时，就属于涉海产业。

（一）海洋经济发展以高精深开发层次为导向，注重科技支撑

《国家海洋政策执行计划》专门用了一章的篇幅强调科技与信息的重要性，指出强有力的科技与制造能力，以及对公众的海洋教育，可以帮助政府机构在做出对海洋环境有影响的决定时采取最佳行动，同时也有助于提高国家的竞争力。为此，需要通过鼓励基础科学的研发活动，采用各种方式促进海洋与海岸带知识的传播，以增强对海洋与海岸带生态系统的了解，提高对海域的感知能力；需要通过持续改进对海洋与海岸带的观测系统建设，开发综合性的海洋与海岸带数据与信息管理体系，提高获取海洋数据和相关信息的能力。

（二）海洋产业结构高端化，"再工业化"战略有所凸显

美国海洋在三种产业结构中的占比为1：42：57，海洋在第一产业中所占份额很小，在第二产业与第三产业中合占99%，其中第二产业所占比重小于第三产业所占比重，但第二产业均为高附加值、高技术产业。现代信息技术与海洋制造业的融合以及现代制造业与海洋服务业的融合，不断增强海洋产业生产能力，使海洋制造业能快速满足高端化、多元化需求。尤其是金融危机后，美国更加注重制造业的发展战略，海洋制造业信息化将成为未来海洋产业发

展趋势。在美国主要海洋产业中，海洋休闲旅游业成为主要劳动人口吸纳产业，就业贡献率69.7%[12]，但海洋休闲旅游业劳动生产率最低，仅占平均水平的50%；海洋矿产业劳动生产率最高，2010年海洋矿产业人均工资是平均水平的3.5倍，海洋建筑业、海洋造船业、海洋交通运输业人均工资相继次之。

（三）更加注重协调人类发展与海洋生态系统的关系，发展海洋循环经济模式

美国是最早开展海洋循环经济相关理论和方法研究的国家之一。早在2000年8月美国通过了《2000年海洋法令》，在该法律的第九部分中，阐述了强有力的经费保障是实施新的国家海洋政策的关键，而财政拨款是海洋经济和海洋循环经济发展的重要经费来源。《21世纪海洋蓝图》中有关海岸经济增长与保护及提高对海洋资源的利用与保护的政策描述中也充分体现出对生态系统的认识与尊重，要基于生态系统的客观规律，实现人类海洋经济与海洋自然系统的高效统一。

人类在发展海洋经济的同时更加关注海洋的整个生态、自然系统的正常运行。例如美国成立"海洋政策信托基金"，避免由于人类过度的开发活动对海洋环境造成危害。

2010—2011年美国沿海发生多起大规模海洋生物死亡事件，死鱼聚集区水中氧气含量接近于零，水中含有化学毒素或石油成分，给海洋渔业的发展带来重大灾难。2011年美国加利福尼亚州南部沿海约100万条死鱼，包括凤尾鱼、鲭鱼、沙丁鱼和其他鱼类，对水体造成严重污染（图11-1）。

图11-1　美国加利福尼亚州南部沿海大规模死鱼事件

（四）海洋科技是化解海洋危机的关键所在

2007年美国发布了《规划美国今后十年海洋科学事业：海洋研究优先计划和实施战略》（以下简称《规划》）充分体现了海洋科技对海洋经济发展的重要性。强调海洋自然科学与社会科学相结合，从人类社会系统与海洋自然系

统相互作用的视角研究海洋科学。《规划》从提高美国海洋科技创新力和竞争力、负责任地利用海洋和明智地管理海洋等发展目标出发，明确而深入地阐述了海洋与人类社会之间不可分割的联系，指出"认识社会对海洋的影响和海洋对社会的影响，是确保负责任地利用海洋，子孙后代享有清洁、健康而稳定的海洋环境的基础"。《规划》在肯定海洋应用研究的同时，强调海洋基础研究的重要性，认为对海洋基本过程和现象的认识是开发和改进海洋模型、预报模式和观测系统的依据，海洋基础研究取得突破，对所有重点研究创新成果的产生起着决定性作用，海洋基础研究是《规划》中已确定的六大社会主题研究取得进展的关键，可促进海洋开发管理决策更加科学化[13]。

（五）建立高层协调部门，变分散零碎式海洋管理为高效综合海洋管理

美国是联邦制国家，在海洋管理方面采取中央和地方分权的形式。为了提高海洋经济发展效率，建立高级别的行政部门处理和协调海洋开发及管理事物已成为美国海洋界的共识。为此，《21世纪海洋蓝图》和《美国海洋行动计划》均有针对性地提出机构调整或重组，以便提高政府工作的灵活性，对各州和利益相关者的需求及时响应，更好地适应以生态系统为基础的管理方法。根据海洋政策委员会的建议，机构改革或重组可分为三个阶段进行：第一阶段为近期行动，即制定海洋与大气局组织法，将其职责纳入法制轨道，增强实力；第二阶段为中期行动，即有选择地对涉海机构的涉海职责和项目进行调整与合并，减少不必要的重复，降低行政成本；第三阶段为长期行动，即增强联邦政府职能，建立更加统一的、基于生态系统的自然资源管理组织结构。为实施新的国家海洋政策，奥巴马政府对现有的海洋政策委员会进行了一系列改革，将部级和副部级分机构进行整合并强化其职能，成立了内阁级别的国家海洋委员会（National Ocean Council），直属总统行政办公厅，负责统筹和协调联邦各部门的涉海工作，以便有效地贯彻落实国家海洋政策。改组后的国家海洋委员会与布什政府成立的海洋政策委员会相比，具有更高的权威性和代表性，有助于提高联邦政府涉海事务统筹协调的成效和工作效率。

第十二章　加拿大海洋战略及政策

一、加拿大的海洋战略及政策

加拿大三面临海，拥有世界上最长的海岸线和广阔的近海区域，管辖水域相当于其陆地面积的40%，拥有370万平方千米的专属经济区。海洋资源开发及海洋经济的持续发展，与国家的经济、环境及社会结构有着不可分割的联系。加拿大每年海洋经济总产值超过200亿美元[14]，其中海洋贸易产值在几十亿美元以上。海洋成为加拿大国家安全的关键，是支撑加拿大许多沿海社区的生命线，是加拿大迈向世界市场的通衢。海洋还是全球运输系统的中坚。因此，制定科学合理的海洋发展战略是加拿大国内经济有效运作的重要保障。

加拿大将海洋发展战略作为其全球战略的重要组成部分，及时制订和调整海洋战略规划。1997年加拿大政府颁布实施《加拿大海洋法》，确定了联邦通过渔业和海洋部领导海洋管理工作，并通过宣布200海里专属经济区和毗连区维护加拿大的海洋主权。近年来，加拿大政府发布了一系列大的战略与计划，主要包括《加拿大海洋战略》《加拿大海洋行动计划》《联邦海洋保护区战略》等，为加拿大海洋经济的持续健康发展提供了战略指导方向。

（一）加拿大21世纪海洋战略

2002年，加拿大渔业与海洋部制定了国家层次的海洋发展战略——《加拿大海洋战略》。《加拿大海洋战略》是加拿大政府管理河口、海岸和海洋生态系统的政策声明。根据《加拿大海洋法》的授权和确定的方向，该战略汲取了以往在综合管理规划和海洋保护区方面的经验，同时也考虑了过去几年来与涉海部门开展的一系列讨论和磋商的结果，还吸纳了国际社会在海洋政策和海洋管理方面的新经验，为现代海洋管理确立了新的政策方向。

1. 适用范围及政策框架

《加拿大海洋战略》致力应用于相关的海洋管理及国际义务事务中。加拿大海洋是"全球共同财产"（Global Commons）的组成部分。与其他海洋国家一样，加拿大根据国际法、协议及标准来管理海洋资源，以确保国家管辖海域及其以外的海洋的秩序，加拿大的海洋管理工作正是基于这种国家和国际的义务与承诺。《加拿大海洋战略》旨在促进私营／公营部门伙伴关系的发展及有关准则的制定，以支持已有和新兴的海洋产业，并确保海洋资源的保护和可持续利用。

《加拿大海洋战略》将为加拿大政府及所有参与管理加拿大海洋的合作者提供管理依据和保障。这些合作伙伴包括：各省和地区政府；有关的土著居民组织和团体（包括那些根据土地权利主张协议成立的团体）；环保组织和非政府组织；沿海社区；以及其他关心该战略的完善和实施的加拿大公民或组织。

作为政策框架，《加拿大海洋战略》不仅提出了加拿大海洋管理的政策导向，是国家层次的战略，还提出了海洋管理的综合性方法，其中包括政府各部门间海洋政策和计划的协调和生态系统方法，以及强化海洋工作中的许多具体措施。该政策框架将用于指导各种海洋活动的协调和管理工作。各级政府将保留各自的立法和管辖职责与权限。

《加拿大海洋战略》支持的重点是：旨在了解和保护加拿大海洋环境的计划和政策；可为加拿大经济可持续发展提供机遇的计划和政策；确保加拿大在海洋领域的国际地位的政策和计划。

《加拿大海洋战略》提出了21世纪海洋战略的总体目标——为了加拿大当代和后代的利益，确保海洋的健康、安全及繁荣。

2. 指导原则

依据《加拿大海洋法》的规定，该战略的基础是可持续发展原则、综合管理原则和预防为主原则。这三项原则应指导一切海洋管理决策工作。这些原则的适用以科学知识和传统知识为基本前提。为海洋管理提供决策依据的科学知识包含自然和社会两个层面，它们来源于加拿大国内外各渠道及加拿大各级政府。根据该战略，加拿大政府将上述三项原则作为评价未来海洋管理决策工作的指导原则和评判标准。

3. 主要内容

实施《加拿大海洋战略》，特别是开展海洋管理，不仅是联邦政府的责任，而且是所有加拿大人应该承担的共同责任。《加拿大海洋战略》为海洋管理规定的核心任务包括以下三方面：①联邦政府各部门之间及各级政府间紧密合作；②为实现统一的目标共同分担责任；③让更多的加拿大人参与涉及他们利益的海洋问题的决策。根据该战略，加拿大将在以下三个特定领域推进海洋管理工作：

第一，联邦政府将组织、支持和促进建立管理机制，以加强联邦政府内及联邦政府与其他各级政府间在海洋管理方面的相互协调与合作。该战略建议利用现有机制和新建机制（如委员会、管理局等），通过信息共享，促进海洋管理工作的协调。

第二，该战略将通过开展综合管理规划工作，使有关合作伙伴能参与到海洋活动的规划与管理工作中来。作为海洋管理方法的基石，海洋综合管理将建立咨询机构，其任务是在考虑资源养护和生态系统保护的同时，为涉海经济部门和社区提供创造财富的机会。该战略通过制定可持续利用规划，综合考虑环境、经济和社会的协调发展问题。

综合管理就是对人类活动进行全面的规划和管理，以便将各种用海者之间的冲突降至最低限度。同时还包括一种合作的工作方式和灵活而透明的规划过程，尊重现行宪法和部门权限划分，不废除或减损任何现行的土著居民权利或条约权利。

该战略为综合管理所提出的管理模式是一种合作性模式。海洋管理决策需要依靠信息共享，与利益相关团体协商，让这些团体参与制定规划工作并提出建议。建立的机制应囊括所有利益相关团体。有关各方应积极参与海岸带与海洋管理规划的制定和实施，并监督规划的实施。有关合作伙伴应就管理规划，包括具体的职责、权力及义务的分配等取得共识。在特殊情况下，还应通过共同管理来实施综合管理及进行规划。

基于政策框架的提出，综合管理机构将由在某一特定海洋空间有利益关系的政府和非政府的代表构成。在人类利用海洋活动较少和影响相对较轻的沿海地区和海域，综合管理机构可以更多地把工作重心放在同当地的利益集团互通情况和开展协商上。在这种情况下，综合管理机构可能主要起促进信息共享的作用。由于人类活动日益频繁及对海洋环境的压力不断增加，应采取一些其他措施协调沿海地区和海域的利用活动，以便在不超越生态临界值的前提下获得最大的社会和经济效益。在这种情况下，应最大限度地争取各利益团体的参与并建立综合管理机构，以便为决策者提供建议，同时承担实施已批准的管理规划的部分职责。

第三，该战略强调应加强政府的管理服务职能，提高公众的海洋意识，以满足加拿大人民参与海洋管理活动的愿望。海洋管理的含义是，为当代及子孙后代的利益，负责任地保护海洋及其资源。通过开展海洋管理与服务活动，加拿大的人民可以用积极而有意义的方式，参与到保护海洋资源的工作中去。同时，广大民众也希望参与决策过程，为管理项目寻求支持。

《加拿大海洋战略》建立在现有管理工作和公众意识宣传活动的基础上，并将不断在各个领域中制订和推动国家海洋计划。通过综合管理规划工作和一些专门活动，鼓励广大民众积极参与。在《加拿大海洋战略》框架下开展的海洋管理计划，将与国家管理计划和自然遗产议程相互协调。

4. 保障措施

为了实施《加拿大海洋战略》，实现该战略的政策目标以及促进海洋管理工作，加拿大政府将实施一系列为期四年的计划，以期用新的眼光看待海洋资源，用新的方式处理问题。

（1）了解和保护海洋环境。

为了实现"了解和保护海洋环境"的政策目标，加拿大政府将在此方面制定一系列措施，包括海洋污染防治政策和计划，海洋环境保护和养护措施，以及进行河口、海岸及海洋生态系的科学资料库完善等。

海洋污染防治政策和计划：要完善现有的海洋环境保护法规和指南，对海洋污染防治标准进行复核和评估，以此检查这些标准是否合适；在加拿大，特别是在已确定的重点排污区和生境发生自然变化和遭受破坏的地区保障《保护海洋环境免受陆地活动影响的国家行动计划》的实施；积极实施鱼类生境保护政策；推进沿海社区绿色基础设施计划的实施，改善污水处理状况等。

海洋环境的保护和养护：要制定全国海洋保护区网络战略，实现信息共享；支持和促进水下文化遗产的保护工作；根据《加拿大海洋法》制定和实施海洋环境质量政策；支持旨在保护濒危海洋物种的新法律、法规、政策和计划。

完善河口、海岸及海洋生态系的科学资料库：加拿大政府在未来将加强河口、海岸及海洋生态系信息收集、监测及资料分发传输的合作，同时对传统的生态知识进行整合，以此增进对生态系动态的了解，包括对气候、气候变化及其对海洋生物的影响以及对业务海洋学的新发展趋势的了解；要推动海况报告制度的发展，及时了解不同时期海况的变化情况；促进各类海洋研究间的学术联系，其中包括自然科学领域和社会科学领域内开展的各类海洋研究，也包括为一般自然科学和社会科学服务而开展的海洋研究，尤其要通过海洋管理研究网络来实现这一目标；加强为海洋管理服务的科学研究工作的协调。

（2）支持经济的可持续发展。

加拿大政府为保障经济的可持续发展，将在未来制定包括用于改进和支持海洋产业的部门措施，发展海洋产业的措施，并支持和促进海洋领域的商业开发活动间的合作与协调等。

制定用于改进和支持海洋产业的部门措施，包括支持和促进加拿大渔业和海洋部门开展的计划，如大西洋渔业政策审查和水产养殖开发项目；支持和促进目前在联邦政府范围内实施的计划中有关可持续发展的项目，例如海洋油气和海洋矿产开发、造船和海运、技术创新议程及北部开发；确保海洋运输的高效、实用和安全。

加拿大海洋产业及海岸带的开发正面临着新的机遇。因此要支持与创新产业建立合作伙伴关系；支持新型的渔业、水产养殖开发业及环境设备产业和服务产业的发展，增强以海上开发为对象的服务和后勤保障能力；支持沿海社区的经济多元化，确保他们参与更大范围的海洋经济活动；发扬"加拿大海洋团队精神"；设法消除影响海洋产业发展的贸易壁垒，以此促进海洋产业的发展。

支持和促进海洋领域的商业开发活动间的合作与协调，包括审查管理制度，确保有效保护环境，简化管理程序；审查为产业提供支持的计划，这些计划包括加拿大大西洋发展机遇咨询计划、西部经济多元化计划、中部经济多元化计划以及通过以海洋为中心的工作议程开展的省/地计划，确保能够及时捕捉发展机遇；对新兴的海洋产业开展经济分析；支持国家研究委员会和加拿大工业部制定海洋产业发展路线图，以确定哪些技术领域可以得到"加拿大技术合作伙伴关系计划"（TPC）的支持；支持与产业部门、各省以及其他利益集团的合作，确保加拿大从海上油气开发中获得工业利益；与产业部门一起制定和实施可持续利用海洋的行为准则等。

（3）确保国际领先地位。

加拿大为确保海洋国际领先地位，将在主权与安全、国际海洋管理、能力建设等方面做出贡献。

主权与安全：要推动加拿大国内和国际之间的合作，防止非法活动，切实履行国内和国际义务；要支持和促进对海洋主权和海上安全的维护；促进国家和国际海洋安全网络的建立，以实现信息共享，保障国家及国际的海上安全。

国际海洋管理：积极参与国际海洋管理事务。要遵守现行的国际协定；通过北极委员会，支持和促进北极/环北极区议程；在国际场合，包括在世界可持续发展首脑会议上，支持将综合管理原则、可持续发展原则及预防为主原则作为海洋管理的首要原则；对于跨界的海岸带和海洋生态系统，采取措施与邻国共同进行管理。

能力建设：共享经验，推进履约工作，加强能力建设，对发展中国家尤其要支持和促进联合国协商机制；为有效实施《联合国海洋法公约》等确立的海洋管理制度提供所需的能力；支持发展中国家提高海洋资源和海洋空间可持续发展方面的能力；在地区和世界范围内，促进在全球管理系统内建立协调一致的海洋管理方式。

（4）海洋管理。

为了更好地进行海洋管理，加拿大将在建立海洋合作与协作机制和机构，推进加拿大所有海岸带和海域的综合管理计划，海洋管理与服务和公众意识宣传活动等方面做出努力。

建立海洋合作与协作机制和机构：加强国家和地区一级的制度安排；设法在海洋管理方面加强与土著居民的关系；推动部长海洋咨询委员会的工作；支持在加拿大渔业与水产养殖部长理事会领导下的海洋特别工作小组的工作；审议其他联邦、省及地区海洋管理协商机构的工作，如加拿大环境部长理事会的工作；加强和扩展旨在国家和地区一级履行《加拿大海洋法》规定的义务的体制安排；寻求更好地利用政府在线计划的各种方案，促进海洋管理方面的合作与协作。

推进加拿大所有海岸带和海域的综合管理计划：要支持加拿大河口、海岸带和海洋环境综合管理的政策和业务框架的实施；支持大海洋管理区的规划程序；支持海岸带和流域规划项目，以此推进加拿大海岸带和海域的综合管理计划的实施。

海洋管理与服务和公众意识宣传活动：支持地区和全国的管理与服务计划的实施，包括制定全国性框架；制订并实施国民参与海洋管理与服务计划；增强公众的海洋观念和意识；鼓励公共部门和私营部门之间的合作；积极开展海洋教育。

（二）其他主要海洋战略及政策

1. 海洋行动计划

自1997年颁布《加拿大海洋法》及2002年提出了《加拿大海洋战略》之后，加拿大政府又提出了一个新的法律和政策框架来推动海洋管理能够适应新发展的需要。2004年，加拿大政府表明"……将通过最大限度地利用和开发海洋技术，建立海洋保护区网络，实施综合管理计划，加强海洋和渔业管理法规的执行来推动《加拿大海洋行动计划》"。

《加拿大海洋行动计划》指出了阶段性的行动计划重点。2005年5月，《加拿大海洋行动计划》（第一阶段）出台，阐明了将在政府范围内采取措施抓住可持续发展的机会。第一阶段的内容包括在24个月之内完成一系列的依赖于现有成就的初始步骤。这为达到《加拿大海洋法》和《加拿大海洋战略》指出的发展目标奠定了基础。接下来将会扩大海洋管理的广度，加深政府间活动，并充分利用第一阶段所获得的经验。

该计划建立在国际领导地位、主权和安全，可持续性发展的海洋综合管理，海洋健康，以及海洋科学和技术四个相互联系的支柱上。

（1）国际领导地位、主权和安全。

主权和安全是海洋政策和管理的基础。作为广泛的国家安全政策的一部分，加强海事安全采取的措施是提高海洋管理的重要层面。国家进行监视、巡逻和封锁的行动能力非常重要。在未来两年中，加拿大政府将投资30万加元促进北冰洋海洋战略计划的实施并提高对缅因湾的管理。同时还将关注北美伙伴国的安全、过度捕捞以及大陆架等问题。

（2）可持续性发展的海洋综合管理。

世界上包括加拿大在内的众多追求先进海洋管理模式的国家已经认识到了综合海洋管理的价值。加拿大在签署了《21世纪议程》后，采取了显著的措施来推动海洋生态系统的保护，提高资源管理能力。在《加拿大海洋法》和其他的政策指导下，关于海洋综合管理已经达成了共识，包括在政府间进行合作；让各界及公众参与到更为公开和透明的管理及咨询实体中；采取基于生态系统的措施；决策应建立在坚实的科学建议之上；通过诸如海洋保护区、出台指南和标准等举措来确保海洋环境质量，将保护措施切实应用到海洋环境中。

综合管理计划是现代海洋管理的核心，是一项开放的、合作的、透明的计划。综合管理不但是政治上的或是行政上的安排，而且涉及对自然系统的计划和管理。《加拿大海洋行动计划》第一阶段综合管理计划的实施重点在五个区域进行：

布雷森莎湾和大岸滩：大岸滩约50万平方千米，位于纽芬兰和拉布拉多东南部。在这里综合管理计划的重点是促进在加拿大专属经济区以内及以外区域的基于生态系统的管理。布雷森莎湾面积约3600平方千米。根据《加拿大海洋行动计划》，将在这里建立一个地方计划委员会和一个技术咨询委员会。

斯科舍大陆架：该区域面积约32.5万平方千米，位于新斯科舍省东南部。这里有众多的涉海产业，如海洋油气、海上防务活动、商业捕鱼、养殖业、光导纤维、航运等。《加拿大海洋行动计划》实施的第一阶段，该区域的管理重点为根据最新的公众论坛的结果进行新的管理安排，起草海洋综合管理的计划并予以实施。

圣劳伦斯湾：圣劳伦斯湾包括圣劳伦斯河河口区，面积约为20万平方千米。圣劳伦斯湾海洋生态系统有其独特的特点：水浅，连接了从五大湖区到圣劳伦斯盆地的淡水，具有季节性的冰覆盖，生产力高。这些特点使得圣劳伦斯湾成为北美海洋环境中最多样化且具有较高生产力的地区之一。圣劳伦斯湾生态系统支撑着该区域及其周边区域的人类活动，包括开发生物资源和非生物资源、工业发展、交通运输和娱乐活动等。另外，气候变化、海水升温以及海平面上升都对生态系统及居民生活产生了一定的影响。

波弗特海：波弗特海面积约17.5万平方千米。该区域的油气储量在加拿大位居第三。油气开发为加拿大北部提供了空前的机遇。但非常重要的一点就是要在该区域开展科学研究来确保采取合理的措施减少开发对环境的影响，保护公众利益，评价开发项目对更广阔的北部区域和人民的累积影响。

太平洋北部近岸：根据生态特征，太平洋北部近岸区域面积约8.8万平方千米。该区域对于土著居民的食物来源、渔业、商业和娱乐性捕捞都非常重要。养殖业、旅游、运输以及潜在的海洋能源的开发也是重点项目。在该区域实施初步的综合管理的特点就是要以积极的方式让土著居民参与小到社区，大到更广泛的海洋和海岸资源的管理中来。

（3）海洋健康。

加拿大已经在海洋环境保护方面进行了大量的投入来加强渔业管理，了解大范围的海洋学过程，以及确保航运安全。加拿大政府已投资1000加万元来提高海洋环境的健康状况。三个联邦政府机构——加拿大渔业与海洋部、加拿大环境部和加拿大公园局——联合发布《联邦海洋保护区战略》，其主要内容包括自然和社会科学研究、特定海洋保护区的管理以及为公众提供咨询服务等。在该战略的指导下，在加拿大的三个海岸建立海洋保护区网，以保护重要的海洋生物种类及其栖息地、重要的生态系统，还要保护沙布尔角独特的科学和生态学价值。交通部加强实施现有的保护水环境不受船舶污染的措施，增加东海岸的空气监测来更好地确定和调查来自船舶的污染。另外，还将提出控制由压舱水引入外来物种的管理规定，来降低有害物种改变生态系统的风险。

作为第一阶段的开端，在海洋健康方面加拿大政府将着重关注以下几方面的内容：

海洋保护区战略：要建设加拿大联邦海洋保护区网。该网将由海洋法海洋保护区、海洋野生动物保护区及候鸟保护区以及国家海洋保护区三个核心项目组成。该战略的实施将有利于维护加拿大海洋生态系统的健康。

建立海洋法海洋保护区，是为了保护重要的鱼类和海洋哺乳动物栖息地，保护濒危海洋物种、具有独特特征的区域以及具有高生物生产力或多样性的地区。建立海洋野生动物保护区及候鸟保护区，主要是用以保护各种野生动物的栖息地，包括候鸟和濒危物种。建立国家海洋保护区，是为了保护典型的加拿大自然和文化遗产，并为公众教育和娱乐提供机会。此外，一些海岸的国家公园也具有海洋元素。

压舱水与海洋污染的管理：该项措施具有双重意义。一方面，该项目由加拿大交通部领导，目的是要减少由倾倒船舶压舱水引入水生入侵种类的风险。另一方面，该项措施还涉及创新管理方法来避免由船舶造成的海洋污染，并加强执行的力度。

海上来源的污染防治监测：加拿大交通部负责领导预防船舶污染。国家空气监测项目（NASP）即为其中的一个项目。对于船只的非法排放，监视、监测的力度将会加强，污染巡视将增加一倍；而且，通过协调污染监视巡逻队和Radarsat卫星报告的海面异常物能够全面提高污染监视的效率。

海上受油污影响的鸟类：每年由船舶造成的持续油污会导致成百上千的海鸟死亡。在纽芬兰省的海岸上，每年约有30万只鸟类因污染而死亡，在太平洋沿岸至少也有相同数目的鸟类遭遇同样的命运。加拿大政府已经引入了议案以便更好地保护海洋环境。C-15议案是对加拿大《候鸟公约法》和《加拿大环境保护法》的补充，议案提出将罚款提高至100万元，同时执行官员有权让肇事船只改道或是对其实施扣留。这些调整将允许加拿大更好地保护海洋环境，并给了污染者明确的信息——加拿大将确保对海洋的保护。

（4）海洋科学与技术。

在未来的两年中，200万元将用于建立海洋技术网络来指导布雷森莎湾的海洋技术能力建设。布雷森莎湾项目将提供用以共享海洋及海岸数据和信息、展示先进海洋技术的网络通道。这将有利于生成为导航和管理、实施海洋信息以及栖息地分布地图服务的电子海图，同时将帮助确定生态敏感区。海洋技术网络将连接代表加拿大海洋和海岸利益团体（包括非政府组织、社区团体、土著居民、工业、学术界以及政府部门）的其他不同网络。这些初步措施不仅鼓励加拿大海洋科学和技术的发展，还将为海洋资源的可持续利用做出贡献。

2. 《联邦海洋保护区战略》

2005年，加拿大海洋与渔业部和环境部联合发布了《联邦海洋保护区战略》。这是继《加拿大海洋战略》和《加拿大海洋行动计划》发布后联邦政府的又一重大举措[15]。《联邦海洋保护区战略》指出，加拿大海岸带生态系统的健康状况持续下滑，引发这种下滑的原因是多种多样的，包括陆地和海洋的污染源排放、生物环境的退化、不可持续发展的渔业、对海洋资源需求的持续增加以及入侵物种和较大规模的全球气候变化的影响等。除了这一系列的威胁，还有一个巨大的威胁就是对海洋物种、生物栖息地、可变的多维空间可连接的海洋环境认识的相对缺乏。因此，有必要制定一系列明确的政策来保证海洋和海岸环境健康和可持续发展。

3. 多元化国际发展战略

由于全球变暖导致北极冰融加剧，使北极潜藏的各种利益，包括环境利益、资源利益、科研利益及军事安全利益等日益显现，北极问题受到国际社会的广泛关注。加拿大印第安与北方事务部近年来相继发布了《加拿大北方战略》《加拿大北极外交政策声明》等，以维护国家主权利益的名义，积极开展北极行动，开展多元化国际合作。

（1）跨边界海洋管理是加拿大海洋管理的一个主要内容。加拿大将国际合作作为处理边界海洋管理问题的一个途径。加拿大与美国和法国分别签订了合作协议，共同管理跨国边界的渔业资源，同时与美国签订了五大湖合作管理协议，共同管理五大湖水域资源环境。

（2）由加拿大牵头的五个北冰洋沿岸国家，包括加拿大、丹麦、挪威、俄罗斯和美国，已经建立北极区域水道测量委员会。该委员会的建立是构筑北极沿岸国家协作优势的重大步骤，将帮助改善海上生命安全，并且将有助于保护生态系统和促进北方的社会与经济发展。加拿大对北极的关注不断增强，不断体现加拿大在北方区域的领导地位。

（3）在海岸带和海洋管理能力培养方面，加拿大始终处于世界领先地位。加拿大通过海岸带和海洋综合管理的研究计划，对国内工作人员进行专业培训，并为美国及海外的留学生和访问学者提供海岸带和海洋管理方面的大学培训和能力培养活动。例如达尔豪西大学的海洋事务计划、大西洋海岸行动计划等，吸引了大批中高级政府官员和一些私营部门人员参与。同时加拿大积极通过国际开发署帮助发展中国家提高海岸和海洋管理能力。

二、加拿大海洋经济发展趋势

自20世纪90年代以来，《加拿大海洋法》和《加拿大海洋战略》的颁布实施，《加拿大海洋行动计划》及其他相关战略政策的出台，加拿大沿着立法的道路，通过建立科学的管理体制、完善的立法和规划、详尽的实施方案以及严格的执法，对海洋资源的开发活动进行综合管理，促进了加拿大海洋经济的快速发展。

（一）加拿大海洋水产业价值链不断升级，产品高附加值趋势显著

海产品是加拿大最大的出口商品，加拿大是世界上第七大海产品出口国，水产业在加拿大经济中占有重要地位。由于采用环保持续的生产方式，加拿大水产品的安全性和高质量性，在世界上享有很高的声誉。2008年加拿大水产品出口总额达40亿美元，水产业雇佣人员达1.6万人，其中大多数是35岁以下的女性。尽管如此，在加拿大，水产业仍是相对较新的商业活动。加拿大的水产业保持持续增长。预计2020年，总产量超过30.8万吨，为国家创收超过15亿美元，并将继续提供大量就业岗位[16]。

1. 加拿大水产业在国民经济体系中占有重要地位

加拿大水产业的区域辐射能力很强。尽管水产业激发的大部分经济活动发生在拥有水产业的省份，但在其他省份却发展着与水产业相配套的供给、服务行业，从而拉动就业、带动整个加拿大经济的发展。各个省份内部，水产业具有极大的关联性。从各省来看，每个省份经济总产值大约是该省水产业产值的1.5倍。如哥伦比亚省水产业产值是5.6亿美元，其经济总产值约9.5亿美元。各个省份之间，水产业的经济带动能力也很强。从加拿大全国来看，各省水产业激发的经济活动产值大约是该省水产业产值的2倍。如2007年新布朗斯维克省水产业产值2.8亿美元，对整个加拿大经济贡献值达到5.88亿美元。2014年以来，加拿大水产业对总的经济产值年均贡献约10亿美元，年均贡献劳动力就业收入5亿美元，可见加拿大水产业对全国经济发展具有重要意义。

2. 加拿大水产业发展迅速，有巨大的发展潜力

加拿大商业化水产养殖最早产生于20世纪50年代，在安大略湖、不列颠哥伦比亚省和魁北克省养殖鲑鱼，新布朗斯维克、不列颠哥伦比亚省和爱德华王子岛养殖牡蛎。加拿大水产业的起飞得利于大马哈鱼的成功养殖。在20世纪70

年代，在不列颠哥伦比亚省尝试对大马哈鱼进行商业养殖；70年代中期，在新布朗斯维克省和新斯科舍省，大马哈养殖产业进一步发展。这一时期，贻贝水产业出现在加拿大东部沿海地区，20世纪90年代在爱德华王子岛迅速发展。

　　1990—2006年，水产业产量从4万吨增加到17万吨，增长了4倍多；2007年、2008年产值下降到80000万美元左右，这主要是由于东部沿海的管理系统发生改变导致水产业生产活动发生中断，同时水产品价格降低。2009年受金融危机的影响，加拿大水产业发展速度放缓，而传统的捕捞业的捕获量不断减少，2010年恢复上升趋势（图12-1）。2014年水产品养殖产量达到13.36万吨，水产养殖产值由1990年的19500万美元增长到7.334亿美元，超过60%的加拿大水产养殖产品出口至美国，以及世界其他20多个国家。2015年加拿大水产业出口产值达7695亿美元。

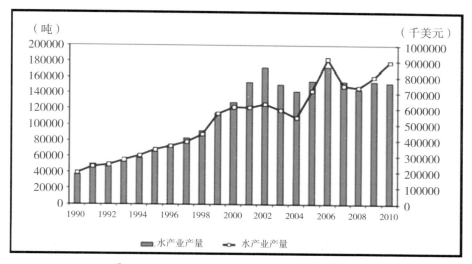

图 12-1　1990—2010年加拿大水产业产量与产值变化

3. 加拿大水产品结构

　　加拿大的水产养殖品种主要以大马哈鱼、鲑鱼、贻贝、牡蛎、蛤五大类水产品为主（图12-2）。其中，大马哈鱼是最主要的优势种，2014年占到水产养殖总量的63.6%。大西洋鲑、大鳞大马哈鱼、鲑鱼、贻贝、牡蛎和蛤等几大品种的生产均已形成一定规模；其他品种的养殖生产，如大比目鱼、鲟鱼、罗非鱼、裸盖鱼和扇贝等，目前处在不同发展阶段。近年来，消费者对鱼类及各种海产品的需求不断增加。

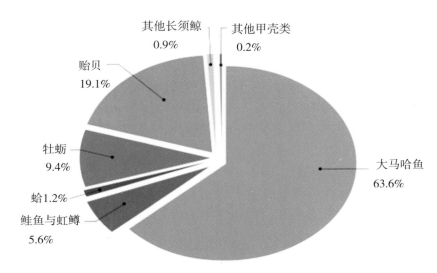

图12-2 2014年加拿大水养殖产业主要物种产量比重

4. 加拿大水产业的空间分布

水产业遍布加拿大的每一个省和育空、西北行政区（表12-1）。不列颠哥伦比亚省和新布朗斯维克省是水产大省，两省水产产值占到加拿大全国水产产值的79.5%。

表12-1 加拿大各省及地区水产分布

省份	鱼类	甲壳类	植物
纽芬兰省	大西洋鲑、虹鳟鲑、鳕鱼	贻贝、蛤	—
新斯科舍省	大西洋鲑、北极红点鲑、大比目鱼、虹鳟鲑、虹鳟鱼、罗非鱼	牡蛎、蓝贝、蛤、圆蛤类、鲍鱼	—
爱尔兰王子岛	虹鳟鱼、北极红点鲑	蓝贝、牡蛎	—
新布朗斯维克省	大西洋鲑、虹鳟鱼、虹鳟鲑、鳕鱼、大比目鱼	牡蛎、蓝贝	海藻
魁北克省	北极红点鲑、虹鳟鱼、溪红点鲑、斑点鲑	牡蛎、蓝贝、海贝	—
安大略省	虹鳟鱼、北极红点鲑、罗非鱼、鲟鱼	—	—
马尼托巴湖	虹鳟鱼、北极红点鲑	—	—

中国海洋经济发展现状与前景研究

（续表）

省份	鱼类	甲壳类	植物
萨斯喀彻温省	虹鳟鱼、虹鳟鲑	—	—
亚伯特省	虹鳟鱼、罗非鱼	—	—
不列颠哥伦比亚省	大西洋鲑、大鳞大马哈鱼、银大马哈鱼、鲟鱼、虹鳟鱼、罗非鱼、裸盖鱼	太平洋牡蛎、马尼拉哈、萨沃里蛤蜊、蓝贝、地中海贝、日本扇贝	海藻
育空	北极红点鲑	—	—
西北行政区	北极红点鲑	—	—

5. 加拿大水产养殖的挑战

水产养殖业利用较少的土地，生产出富含蛋白质的海产品，满足人类生存需要的同时创造了大量的经济价值，同时还提供了大量就业岗位，带动了区域经济的发展（图12-3），尤其是对受到传统捕捞业衰退影响的沿海地区，水产养殖无疑是带动地方经济发展的新增长点。但是，水产养殖业也面临严峻挑战。水产养殖带来的环境污染、养殖产品的安全问题、对现存野生物种的污染、物种自然生境的丧失等都一定程度的影响着水产养殖业的发展，尤其是不列颠哥伦比亚省大马哈鱼的养殖已经成为环境问题的焦点。一些环保组织强烈抗议大马哈鱼养殖带来的环境污染，并对产品的安全性提出质疑，认为养殖的大马哈鱼远不如野生的大马哈鱼健康安全。因此，只有综合考虑人类健康、环境保护和经济利益，利用科学和技术创新，创造必要条件挖掘社会经济潜力，水产养殖业才能应对挑战，持续、健康发展。

图12-3　加拿大水产养殖业

（二）对海洋资源开发方式要求不断高层次化

随着人类海洋意识的不断增强，过去粗放式的海洋开发方式不断向高层次发展。例如，加拿大渔业一直是世界上最有价值的商业渔业之一，产品附加值高，产业链高端化。海洋科学技术的快速发展也不断拓展人类探索海洋开发空间的维度。开发区域逐渐由大陆、沿海一直向纵深拓展，领海、毗邻区、经济专属区，大陆架、公海、深海、大洋不断深入海洋。

（三）注重陆域系统与海洋系统的相互作用，寻求海洋生态系统与人类经济系统的平衡

陆域经济总量扩张的同时，海洋产业快速发展，人类对自然资源和能源的需求不断增加。海洋占到地球表面的70%，与陆地相比，海洋蕴藏着更丰富的能源。但是由于技术的限制，目前海洋提供的油气资源仅占油气资源可利用总量的45%，随着高新技术的不断突破，可开发空间广大。发展的同时也深刻认识到各种人类经济活动给海洋环境带来了不同程度的负面影响，寻求海洋生态与社会经济系统的平衡，成为加拿大海洋经济发展战略的重要任务（图12-4）。

图12-4　海洋与人类系统的和谐

（四）海洋管理制度体系不断完善

《联合国海洋法公约》生效后，加拿大海洋管理制度就面临新的调整和修编。加拿大成立国家级渔业和海洋事务主管部门，负责海洋经济活动的管理与协调，在管理环境与生态方面，陆源污染与环境部协调，海上污染与交通部协调；生物资源保护由海岸警备队配合，非生物资源管理与遗产部和自然资源部

协调。完善的管理制度提高了海洋管理效率。同时，加拿大通过宣传和培训，提高公民的海洋管理保护意识，利用法律和道德行为规范双重约束人们的海洋开发行为，使持续利用海洋成为一种自觉行为。

（五）多元化、国际化发展方向

海洋经济的发展不仅需要海洋科技的支撑，还涉及经济、政治体制、文化、教育等多方面。只有摒除狭隘的自我发展观，寻求跨国界、跨专业、多视角合作研究，平衡各方利益共同开发，才能最大限度地从海洋开发中谋取利益，使海洋为人类服务。

第十三章　韩国21世纪海洋发展战略

一、韩国21世纪海洋发展战略制定背景及特征

（一）制定背景

海洋不但能够替代韩国狭小的陆地生活及产业发展空间，而且能够提供丰富的食物、矿物及能源资源。为了有效利用海洋的潜力，韩国海洋水产部确定未来的发展方向和目标是要取得全国共识，获得全国民众及产业界的理解、支持。韩国制定21世纪海洋发展战略是为了应对21世纪国际形势、国内外海洋环境的变化；评估与国家发展有关的内外条件变化，应对挑战和机遇，提出海洋和水产部门长期发展的方向和战略目标。

韩国海洋水产部于1999年7月确定了21世纪海洋发展战略的方向、推进体制、推进日程等基本方针，设立了以副部长为首的计划团，并组成了以各业务局长为组长，政府官员、学术界专家共同组成的工作组；同年8月组成了由学术界、产业界、舆论界等各界专家31人构成的咨询委员会。

1999年9月，韩国综合整理了有关部门提出的部门计划草案，并通过召开海洋和水产专家研讨会及互联网征集建议等方式，形成了海洋开发、海洋环境、海岸带管理、海洋安全、海运、港口、水产、渔业资源管理、国际合作九个部门的草案，并将《21世纪的海洋发展战略的基本框架》向农林海洋委员会做了报告，并在同年11月召开了国民听政会和各部门工作组研讨会，并于同年

12月召开了最终方案咨询委员会会议，收集和听取了咨询委员们的意见。

经过以上过程，与《21世纪的海洋发展战略的基本框架》内容有关的部门协商后，2000年3月交海洋开发业务委员会讨论，同年5月经韩国海洋开发委员会（国务总理为委员长）及国务会议审议，确定为韩国国家计划。

（二）特征

韩国21世纪的海洋发展战略是有关海洋开发与保护的综合性长期战略，即为迎接21世纪海洋时代的到来，确定课题、按课题制订实施方案，并提出了远景展望。韩国21世纪的海洋发展战略的主要特征如下：

第一，韩国以21世纪海洋发展战略作为海洋领域的最高综合计划，确定了推进中央政府与地方自治团体海洋各项计划实施的基本方向，汇总了海洋开发、海洋环境、海运、港口、水产等不同的部门计划，制定了有关合理开发、利用及保护海洋的基本方针。

第二，韩国21世纪海洋发展战略是根据《海洋开发基本法》的法定计划，全面修订了1996年海洋水产部成立前由科学技术部制定的《海洋开发基本计划》，即除海洋开发、海洋环境内容以外，还包括海运、港口、水产等部门计划，扩大成为21世纪的海洋发展战略。

第三，韩国21世纪海洋发展战略是实实在在的国家计划，由2000—2010年期间的行动计划和2030年的远景展望组成。另外，计划为应对国际国内条件变化留出必要的弹性空间，建立了每隔三年滚动计划的机制。

二、韩国21世纪海洋发展的方向

韩国21世纪海洋发展战略是由21世纪海洋发展的远景展望与目标、推进战略构成，概要如下：

（一）21世纪海洋发展的远景展望与目标

韩国21世纪海洋发展战略是以实施"蓝色革命"为基础，实现海洋强国为发展目标。将发达国家主张的"蓝色革命"作为现实政策加以执行，体现出实现海洋强国的意志。

为实现21世纪海洋发展目标，韩国提出了创造有生命力的海洋国土、发展以高科技为基础的海洋产业、保持海洋资源的可持续开发三大基本目标。海洋产业增加值占国内经济的比重从1998年占GDP的7%提高到2030年的11.3%。

1. 创造有生命力的海洋国土

为创造有生命力的海洋国土，实现海岸带综合管理计划，加强环境保护措施，将全国的海岸带创造出有生命力的空间，特别是近岸水质从二级或三级改善为一级或二级，从而改善海岸带人居环境，使海岸带居住人口从2000年占全国人口的33.5%增加到2030年的40.6%。

2. 发展以高科技为基础的海洋产业

发展以高科技为基础的海洋产业，将海运、港口、造船、水产等传统海洋产业提升为以高科技为基础的海洋产业，实现第五大海洋强国的目标。采取措施将1998年相当于发达国家43%左右的海洋科学水平在2010年提高到80%，在2030年达到100%的水平，与发达国家同步。培育海洋和水产风险企业、海洋观光、海洋和水产信息等高附加值的高科技产业。为在2010年前培育出500家海洋和水产风险企业建立必要的支撑、保障体系。

3. 保持海洋资源的可持续开发

为了实现海洋资源的可持续开发，将水产品中养殖业产量所占的比重从2000年的34%提高到2030年的45%；启动开发大洋矿产资源，到2010年达到年300万吨商业生产规模；开发利用生物工程的新物质，到2010年创出年2万亿韩元以上的海洋产值；到2010年推出年发电量87万千瓦规模的无公害海洋能源开发。

（二）推进战略

韩国21世纪海洋发展战略为实现提出的三大基本目标，韩国海洋水产部提出七大推进战略。

1. 创造有活力的、生产力的、适合生活的海洋国土

通过海岸带综合管理计划，综合管理全国不同区域、不同职能的海岸带，推进综合、系统的海岸带国土整合。将岛屿按不同类型进行个性化开发；建立近岸综合管理的信息化平台，实现海岸带综合管理；建立海洋管辖权协商战略及基本制度，确立有效的专属经济区管理体制；通过对海域的科学系统调查，实现与200海里时代相适应的海洋主权管理；推进和扩大远洋渔场及开拓海外养殖渔场，建立全球海运物流网，开拓南极及太平洋海洋基地等全球海洋基地建设。

2. 恢复干净而安全的海洋环境

加强污染源治理基础设施的建设、明确环境管理的海域和建立海洋环境恢复方案、建立海洋废弃物的收集与处理系统、规划基于环境容量选定的废弃物排放海域；制定海洋环境标准及建立综合监视体系，建立科学的海洋环境影响评价体制，强化对有害化学物质的控制及系统管理；通过保护海洋环境的地区合作，努力实现海洋水质的立体管理，保护海洋生物的多样性，恢复海洋生态系统；建立可持续的滩涂保护和利用体制，开发赤潮警报及防治系统；系统分析及应对气候变化对海洋的影响；通过黄海海洋生态系统的管理（YSLME）推进海洋生态系统的保护；建立和实施国家海洋事故应急计划，研发油类污染的防除技术；建立对海洋安全事故的有效管理体制，加强港口管制（PSC）及强化船舶安全管理，建立海上交通安全综合网，提高船舶工作者的安全管理能力，改进海洋污染影响评价及补偿制度；建立气象资料收集及预报体制，推进海洋事故综合预防向管理体制迈进。

3. 振兴高附加值的海洋科技产业

支持海洋和水产中小型风险企业技术研发。通过扶持风险企业创业孵化中心，培育海洋和水产风险企业；开发海洋生物有用物质、海洋生物新品种及促进深海养殖业发展。实现尖端深海调查装备及海洋休闲装备国产化，开发未来高附加值梦幻之船（Dream Ship）及亲环境型船舶，推进尖端海洋科学技术产业化；开发利用海洋作为休息空间及生活现场的海洋建筑及探查装备，以推进超高速海面水翼船的开发、新一代电推进系统船舶的开发、超高速滚装船的开发、大型观光游览船开发、15000TEU超大型集装箱船的开发、破冰海洋调查船设计和建造技术的开发、个人水上摩托（Personal Watercraft）的开发、6千米深海无人潜艇（ROV）的开发等为目标。

利用互联网的虚拟物流市场，建立海运港口综合物流信息网；通过建立海洋和水产综合信息系统，创造海洋和水产信息产业的高附加值。加强海洋科学研究基地建设及强化支援体系，强化实施韩国海洋资助计划（Korea Sea Grant Program）；建立海洋观测与预报系统，建全海洋科学信息网络；推进国土前沿海洋观测基地建设，提高创造产业高附加值的科学技术力量。

4. 创建世界领先的海洋服务业

引入港口公司制（Port Authority），改编港口管理体制，稳妥实施码头运营会社制（TOC）；改善劳务供给体制，港口终端运营自动化，开发"U"字形的沿岸物流快速通道，激活韩国船东互保协会的（KPI）运营，成立东北亚海运中心，努力提高海运、港口产业的竞争力。

建设多功能超级港口（Pentarport）、集装箱枢纽港，培育高附加值港口物流产业（Value-added logistics），建设综合物流园区，开发不同特性港湾，开发亲环境的尖端港口建设技术，推进东北亚物流中心基地建设。

扩建产地、消费地流通设施及直接交易基础设施，建设水产品流通信息设施和实施物流标准化，加强水产品收购及价格稳定工作，成立国际水产品交易中心，确保水产品安全管理，培育水产品加工产业及开发高质量水产食品，推进水产品流通、加工业的高附加值产业化。

培育韩国不同类型的观光城市，建立国立海洋博物馆及地区海洋科学馆，振兴海洋休闲、体育产业，培育航海观光及海上宾馆产业，赶超发达国家亲水型的海洋文化空间。

5. 建立可持续发展的渔业生产基础

建立自律性渔业管理体制。为确保有效的资源管理制度的落实，打击非法渔业，全面改造沿岸与近海渔业结构，建设海洋牧场，扩大陆地与海上综合养殖生产基地，成立水产资源培育中心；推进渔场净化事业的发展，建立科学管理渔场所需的渔业综合信息系统，搞好资源管理与养殖渔业。推进多功能综合渔港（Fisherina）的开发，推进渔村文化、民俗与周围景观的渔村的建设，发展观光产业；建立和扩大水产发展基金，搞活水产业渔民协会。引入应对灾害与事故的水产保险制度，建设有活力的渔村。

6. 海洋矿物、能源、空间资源的商业开发

通过太平洋深海底和专属经济区（EEZ）海洋矿物资源的开发以及海水淡化技术的应用，使海洋矿物、能源、空间资源商业化。开发无公害洁净的潮汐、潮流及波浪能源，研发甲烷水合物等新一代能源，推进大陆架石油、天然气的开发，促进海洋能源实用化。研发超大型海上建筑浮游技术，研发海底空间利用技术，推进海洋空间利用技术多元化。

7. 开展全方位海洋外交及加强南北合作

设立海洋内阁会议及扩大国家间海洋合作。积极加入国际组织和公约，并加强活动，建立应对WTO贸易自由化的对应体系；创设东北亚海洋合作机构，主动展开APEC海洋环境培训与教育中心等全球海洋外交；有步骤地扩大南北韩海运、港口交流，搞活南北韩水产交流与合作，奠定南北韩海洋科学共同研究基础，扩大南北韩海洋资源共同合作开发，制订海洋和水产领域统一应对计划，推进南北韩海洋合作。

三、韩国海洋2030年的前景展望

展望2030年的前景，韩国21世纪海洋发展战略提出要成为世界海洋强国、成为保障优良海洋环境的国家、成为海洋产业高技术化和抗风险能力强的国家、成为东亚物流中心国家、成为稳定的水产品生产国。

（一）成为开发世界五大洋的海洋国家

韩国的海洋开发不仅是开发朝鲜半岛沿岸、专属经济水域（EEZ）及大陆架，还要扩大到包括太平洋、南极在内的五大洋，通过这样的全球海洋开发，树立海洋强国的国际地位。

对外，到2030年要经营37个海外渔场，在南北极、南太平洋等地启动资源开发前线基地等措施，保证拥有日不落的海洋开发领域。

对内，到2010年海洋观光人数增加到年11600万人次以上，全体国民平均每年享受两次以上海洋观光度假；到2020年，10%以上居住在海岸带的家庭拥有游艇，进入我的游艇（My Yacht）时代；到2030年，全国40%以上的人口生活、居住在蓝色海洋空间中，全国的海岸带变成舒适而安乐的国民生活空间和休息地。

（二）成为保障优良海洋环境的国家

为确保海洋生态系统的多样性，将沿岸国土开发为绿色国土，即全国近岸水质改善为Ⅰ~Ⅱ级，沿岸12海里海域牧场化，特别强调在2010年全国50%以上的近海水域和2030年全国70%以上的近海水域，都恢复到Ⅰ级水质，为此在全国沿岸和近海完善海洋环境监测系统。

由于沿岸城市与岛屿具备良好的生态环境和社会经济特性，有着发展舒适的生活、休闲娱乐的空间，促使人口、产业聚集，形成海洋与人类共存的洋溢着强大生命力的海洋空间。建立先进海洋安全体制，特别是建立和运营完善的船舶安全管理及管制系统与国家应急计划（NCP），使得海洋事故能事先预防及事后及时处理，保护国民生命、财产及环境的安全。

（三）成为海洋产业高技术化和抗风险能力强的国家

随着海洋生命工程、环境、通信等尖端海洋技术的产业化，海运和港口、水产、造船等传统海洋产业也要改成高技术产业；特别是海洋抗风险产业要大力发展，到2010年将有500多个海洋和水产风险企业，创造5万余个就业岗位。海洋科学技术水平从以1998年为基准，相当于发达国家的43%水平提高到2010年的80%、2020年的95%和2030年的100%，到2030年，开发出海底6千米超高压潜水艇，能够用于深海底资源开发。

海运、港口、水产等海洋产业的总附加值生产规模以不变价格为基准，从1998年的19.6万亿韩元增加到2030年的157.29万亿韩元，为1998年的8倍。海洋产业的直接和间接总附加值生产规模同期从31.76万亿韩元增加到260.3万亿韩元，海洋产业的增加值占GDP贡献率要从1998年的7%增加到2030年的11.3%。

2010年正式开始锰结核、锰结壳等深海底矿物资源的商业性开发。2030年，年生产规模要达到25亿美元。在2010年正式开始生物工程的海洋新物质开发，到了2030年其销售额要达到40万亿韩元。2010年正式启动海洋能源开发，预计到2030年利用潮汐、海水温差等的发电容量达到264万千瓦。此外，预计海上城市及人工岛开发从2010年开始实用化，到2020年左右能够开发大规模设施，到2030年能够建设人工海上城市。

（四）成为东北亚物流中心国家

釜山港和光阳港将成为高效的国际物流中心和东北亚集装箱枢纽港，发展成为能创造高附加值的融海港、空港、通信港、商港、休闲港为一体的多功能超级港口（Pentaport：Seaport，Airport，Teleport，Business Port，Leisure Port）。同时海运港口事业要有高速的增长，即2030年釜山海运中心将发展为世界第三大海运中心，韩国籍船舶的载重量从1998年的2400万载重吨增加到2030年的6000万载重吨，增加2.7倍；2020年港口装卸设施保证率达100%，到2030年成为世界第五大海运强国。

以水产品国际交易中心为中心的水产品流通信息系统开始高效运作，随着水产品流通、加工产业高附加值的形成，能够促使韩国掌握东北亚水产品交易的主导权。还要扩建以朝鲜半岛为中心的海上航道，成为东北亚观光的始发点，成为物质交流中心和人员交流中心。

（五）成为稳定的水产品生产国

建立起具有海洋、陆地、人造卫星的高速通信网的综合水产信息管理体系；绿色环境水产技术取得划时代的发展，形成具有稳定生产基础的资源型渔业。在近岸建设渔业带（Aqua Belt），通过海洋牧场使渔业生产力取得大的发展。随着海洋水产与休闲渔村相结合的多功能渔港的完善，渔民定居条件得到改善，同时搞活了渔村休闲旅游。

随着水产条件的变化，水产品生产从1998年的295万吨增加到2030年的475万吨，渔业人口从1998年的32万人减少到2030年的26万人，渔民收入从1998年的1683万韩元增加到2030年的1亿韩元，约增加5倍，等等，完成水产业的结构调整。

韩国管辖海域面积为44.4万平方千米，达到韩国陆地面积的4.5倍，大陆架面积也超过陆地面积的3倍。拥有总长为11542千米的海岸线及3153个岛屿。滩涂面积为2393平方千米（韩国陆地面积的4%），是世界五大滩涂区之一。估计韩国管辖海域海洋生态系统经济价值可达到年100兆韩元。韩国位于将成为世界经济成长轴东北亚地区的中心点上，由中、日、俄及东南亚国家围绕的区域内，韩国可发挥人流、物流、资本、技术等流通的枢纽作用，高附加值物流产业及观光产业的增长潜力巨大。

为确保参与海洋经济领域的世界竞争，抢占公海海洋资源，扩大对水产资源以及矿物资源、石油、天然气等海洋资源的管辖权，要建立区域性国家之间的合作机制。对公海发生的所有违法行为加强监视及控制，建立新的海洋产业秩序。对可持续开发的认识要加深，海洋是确保国家竞争力的新源泉。随着对海洋环境价值的认识，越来越追求海洋的开发与保护间的协调发展。依靠尖端科学技术，加速创出新的海洋产业，从而减轻海洋灾害、保护国民的生命和财产，努力探明海洋。

四、韩国海洋产业发展战略

21世纪是人类挑战海洋的世纪，海洋是支持可持续发展的宝贵资源和空间。今后10年甚至50年内，海洋将成为国际竞争的主要领域，其中包括高新技术引导下的经济竞争。发达国家探索、争夺的焦点仍是太空、海洋。人口趋海居住将加速，海洋经济成为全球经济新的增长点。世界范围内的海洋产业发展经历了从资源消耗型到技术、资金密集型的产业结构升级。

（一）培育风险型海洋创新企业

随着对海洋、水产资源利用的需求增加，为达到资源利用的最大化，从2000年开始，韩国政府开始对中小企业进行系统的风险基金支持。通过对中小企业技术研发及创新的支持，为海洋产业打下坚实的发展基础，支持先进的海洋技术研发，达到高附加值的科技产业化，培育新型海洋产业。

韩国海洋水产部是培育风险型海洋创新企业的计划主体，委托韩国海洋水产开发院管理计划，其支持的重要领域包括以下几方面：

（1）海洋生命工程领域：应用生物学体系、遗传基因或相关领域的技术研发，包括鱼病治疗药物、海洋生物新功能物质、海洋微生物利用技术、海洋生物遗传基因（DNA）分析及工程开发等。

（2）水产（包括海洋生物资源）领域：渔业、捕捞、运输业及水产品加工相关联的技术领域，包括海洋牧场技术研发、水产品流通、渔具与捕捞方法、水产品加工及装备研发、尖端养殖装备研发、资源恢复技术研发、天然及复合饲料研发等。

（3）海运（包括造船）和港口建设领域：与海运、船舶建造、港口建设相关联的技术领域，包括港口自动化，物流系统，海运自动化，电子商务，港口设施和船舶设计，船舶器材、海洋建筑物改善技术等。

（4）海洋环境领域：提高环境的自净能力，遏止和消除污染对人与自然环境的损害，预防和减少环境污染、促使环境恢复等环境保护与管理所需要的技术领域，包括海洋环境GIS开发、水质净化等海洋环境装备研发技术，赤潮预防及防治技术，海洋废弃物处理技术，滩涂等海洋生态系统保护技术等。

（5）海洋调查及海洋非生物资源领域：为探明海洋自然现象，以海底、上层水域及临近大气层为对象的调查或探查技术领域，包括矿物、能源、空间资源等海洋非生物资源探查利用技术，海底地形调查技术，海洋观测仪器，深层水开发，海洋能源利用，海洋采矿技术等。

（6）海洋文化和旅游休闲领域：为海洋旅游、运输、住宿、饮食、运动、娱乐、休闲，提供承包或与其他旅游设施相关联的技术领域，包括海洋休闲装备、用于观赏的水草植物、海洋游艇基地、垂钓用品、海洋游嬉等的开发。

（二）振兴海洋旅游业

1. 海洋旅游业推进战略

韩国海洋水产部的海洋旅游工作过去是部内室、局与所承担，分别推进，没有指定主管部门，缺乏与文化旅游部之间的协商和部内室、局间的协调，推进体制没有理顺。为了明确和协调部内海洋旅游工作，海洋政策局被指定为海洋旅游工作的主管部门，组成了以室、局海洋旅游负责人参加的海洋旅游领导小组，设立了16个项目，如表13-1所示。

表13-1　海洋水产部海洋旅游推进项目

类　别	项目名称及部门
重点推进课题 （12个）	1. 建立国立海洋博物馆（海洋政策课） 2. 先进型沿岸亲水空间扩建（沿岸计划课） 3. 全国海水浴场环境改善及整治（沿岸计划课） 4. 建立各地区渔村民俗馆 5. 推进渔村、渔港旅游 6. 推进滩涂生态体验旅游 7. 打造港口亲水空间系统 8. 将灯塔设施打造为海洋旅游地 9. 推进与岛屿相关的海上旅游 10. 推进海上旅游 11. 推进海洋休闲及海洋体育 12. 建立海洋旅游情报网站
长期推进课题（4个）	1. 选定特定水下景观区 2. 打造未来海洋复合型生活空间 3. 打造与世界博览会相关联的海洋旅游休闲区 4. 制定"关于海洋旅游资源保护与利用"的法律

2. 振兴海洋旅游

2000年完成了海洋旅游中长期计划，以此为中心探索今后海洋旅游的政策方向。以海洋旅游方案中所选定的12个重点推进课题和长期推进课题为中心，推进海洋旅游工作。韩国海洋水产部推进的海洋旅游工作如下：

2001年制定海水浴场管理指南并下达到各地方自治团体，其内容主要包括避暑秩序及安全、清洁的保持、海边沙场及松林保护等。通过对海水浴场管理情况的调查，制订综合改善环境计划，并制订出项目可行性及环境改善优先顺序年度方案。

韩国海洋水产部管理的全国49个有人职守的灯塔中，能乘坐公共交通进入，且周边环境秀丽、能打造成公园的有20处（陆地12处，岛屿8处），配备瞭望台、宣传馆、小公园、室外卫生间等设施，以突出海洋文化和地区特色来打造旅游名胜（表13-2）。2000年6月首次开放10处（红岛、巨文岛、小埋没岛、山地、马拉岛、蔚基、间切串、虎尾串、影岛、加德岛）灯塔。2001年有251余万人访问灯塔，反响较好。完成了韩国国内唯一的灯塔博物馆浦项灯塔博物馆（虎尾串）的扩建。

表13-2　韩国开放灯塔现状

地区	灯塔数/个	灯塔名
东海	10	蔚基、间切串、花岩秋、束草、墨湖、大津、虎尾串、松大末、道洞、竹边
西海	1	小青岛
南海	9	影岛、小埋没岛、巨文岛、梧桐岛、红岛、马罗岛、山地、秋子岛、雨岛

推动以韩国为中心的东北亚海上旅游航线和特色旅游商品开发，但是实际旅游需求和基础设施很薄弱。釜山大蒲港和东海港分别用作临时旅客码头，釜山东三洞填海地、济州港等制订了邮轮专用码头建设计划，但是配套设施不完善，需要积极扩建。

以帆船、水上冲浪、水上快艇等为主要项目的海洋体育运动，以海洋少年团联盟为主管，努力扩大海洋体育、娱乐活动。

此外韩国积极打造群山港、统营港、长航港的亲水空间，在釜山港、仁川港区打造亲水公园，努力将港湾打造为市民娱乐空间，提高市民对港口的亲近度。

3. 海洋旅游的法规制定

过去韩国海洋旅游业是没有法律支持的。2002年韩国国会通过了《海洋水产发展基本法》，该法包含了关于海洋旅游的条款，是《海洋开发基本法》的替代立法。这为制定和实施振兴韩国海洋旅游（包括海洋休闲、体育、渔村旅游）政策打下了法律基础。

（三）启动韩国海洋教育基金项目（Korea Sea Grant Program）

1. 背景和目的

21世纪是以知识为基础的社会（Knowledge-based Society），国家竞争力取决于其所拥有的知识、技术水平和使用、管理这些知识、技术水平的能力。韩国的海洋科学技术水平仅是发达国家的40%～50%，为了应对发达国家的技术封锁，应扩大海洋科学技术的投资与高级人才的培养，采取综合、系统的措施，为海洋领域培养专门人才，提高海洋科学技术竞争实力。

2. 分类

韩国海洋教育研究基金项目是以支持大学和海洋专家们的研究课题、提高整个海洋科学技术水平、培养海洋和水产专门人才为目的，于2000年设立的。这个项目基本仿照了美国的国家海洋教育研究基金项目（National Sea Grant Program），作为系统推进《海洋开发基本计划》——韩国海洋21世纪（OK21）的政策手段——而实施的。项目的目标是，通过教育训练培养专门人才，对海洋和沿岸资源进行研究与调查，达到海洋资源的可持续开发、利用、保护，为提高海洋科学技术力量，突破性地提高大学的研究、创新能力。

该项目分为研究开发支持和专门人才培养。初期以研究开发项目为主加以推进。研究开发计划分为海洋和沿岸资源的可持续开发、利用、保护的国家战略课题研究。以所在大学为中心，对提高国民生活水平及地区经济发展有贡献的地区课题研究给予支持。

人才培养计划是培养先进、高科技海洋产业的专门人才的计划，包括聘用临时研究员、博士后海外研修等。

3. 支持成果

选定并支持了釜庆大学、群山大学、济州大学等12所大学，平均每年支持30个研究课题、100余人次教授和研究生。

在2015年投入3837亿韩元，其中大部分资金将用于建设浮动式海上产业基地，海洋生物遗传资源技术研发，海洋生态公园技术研发，海底水资源开发等。 2008年4月确定资金的来源，大部分资金来源于韩国海洋水产部（表13-3）。

为把韩国釜山打造成东北亚海洋科技城，2012年把与海洋和水产研究有关的四个国家海洋研究单位搬迁至釜山，韩国釜山以此为契机，计划把釜山建设成为东北亚海洋科学技术中心。2006年、2009年韩国釜山发展研究院和韩国行政部的有关人士几次到中国和日本进行了考察、调研。

表13-3　韩国海洋教育研究基金支持课题

领域	课题名称
政策研究课题	⊙ 海域利用标准的协商及程序研究 ⊙ 有关水产品危害性评价方案的前期研究 ⊙ 废弃物向海洋排放的详细处理标准研究 ⊙ 渔业补偿、赔偿及有关制度调整的方案研究
海洋生命工程	⊙ 海洋生物的遗传性病原基因分析及特殊分离法 ⊙ 通过Microsatellite DNA开发银鱼遗传变异性及基因资源 ⊙ 从角质海绵（Sarcotragus sp.）导出选择性细胞周期抑制物质

（续表）

领域	课题名称
海洋生命工程	⊙ 开发琼脂糖（Agarose）的微生物酵母 ⊙ 从西海岸的海洋生物探索用于疑难疾病的药理活性物质 ⊙ 从盲鳗开发出调节身体机能的肽
海洋环境及沿岸管理	⊙ 新万金（Saemangeum）海域低盐水团对海洋生态的影响 ⊙ 鱼类的CYP诱发剂和内分泌干扰物质TBT对药物代谢的影响 ⊙ 在盐田环境下，对生物资源的分布及生物多样性的研究 ⊙ 利用卫星资料建立东海海况预测系统 ⊙ 开发提高南海岸稗子田水产生物保育能力技术 ⊙ 建立西海海岸带防灾系统
造船、海洋工程	⊙ 对北极海航道的经济分析和破冰船模型开发 ⊙ 防止渔船海洋事故、提高安全性的研究 ⊙ 海底管线的设计及铺设标准程序的开发 ⊙ 沿岸砂矿资源和海底石油资源的储量评价与研究
水产	⊙ 陆地养殖场的节能型热交换器的开发 ⊙ 海洋生物及水产加工副产品的资源化及营养生化和生理学评价模式
海洋政策及旅游	⊙ 关于海洋旅游社会价值的研究 ⊙ 海洋节和海洋博览会（以晋南节与张宝皋节为中心）

随着对海洋环境价值认识的提高，韩国追求海洋开发与保护间的协调发展。依靠高端科学技术，加速创造出高技术的海洋产业，力争实现建设第五大海洋强国的战略目标。

参考文献

[1] 海宇，田东霖.从两法案出台看日本海上战略转变 [N].中国海洋报，2007年-06-19.

[2] 高之国，张海文，贾宇．国际海洋发展趋势研究 [M].北京：海洋出版社，2007.

[3] 李晓光.论日本的海洋文化发展——以节日"海洋日"为中心[J].牡丹江大学学报，2013（11）.

[4] 杨书臣.近年日本海洋经济发展浅析 [J].日本学刊，2006（2）：75-84.

[5] 管筱牧，万荣，等.基于共同管理的渔业管理制度分析-以日本为例.中国渔业经济，2014（4）.

[6] 张浩川.日本海洋产业发展经验探析[J].现代日本经济，2015（2）：63-71.

[7] 王军民.北美海洋科技 [N].北京：海洋出版社，2007.

[8] 韩立民，李大海.美国海洋经济概况及其发展趋势[J].经济研究参考，2013，51：59-64.

[9] 王军民.北美海洋科技 [M].北京：海洋出版社，2007.

[10] 王军民.北美海洋科技 [M].北京：海洋出版社，2007.

[11] 韩立民，李大海.美国海洋经济概况及其发展趋势[J].经济研究参考，2013，51：59-64.

[12] 韩立民，李大海.美国海洋经济概况及其发展趋势[J].经济研究参考，2013，51：59-64.

[13] 石莉.美国海洋科技发展趋势及对我们的启示 [J].海洋开发与管理，2008，4：9-11.

[14] 王军民.北美海洋科技 [M].北京：海洋出版社，2007.

[15] 高峰，王金平，等.世界主要海洋国家海洋发展战略分析 [J].世界科技研究与发展，2009（10）：973-976.

[16] 刘洪滨，倪国江.加拿大海洋事务研究 [M].北京：海洋出版社，2011.

后记

　　海洋经济发展研究是一项长期工作，本书只能作为阶段性成果提供给读者。今后，我们将根据中国经济社会以及资源技术等的变化，不断探讨海洋经济发展的趋势和前景，从理论和实践方面进行长期跟踪研究，力争为国家海洋开发事业做出贡献。

　　本书由青岛太平洋学会组织专家撰写。学会会长、中国海洋大学教授刘洪滨负责前言、第九章、第十三章、后记的撰写，学会副秘书长、中国海洋大学副教授倪国江负责第三章、第四章、第五章、第八章的撰写，学会常务理事、山东海洋经济文化研究院研究员刘康负责第一章、第二章的撰写，学会理事、山东海洋经济文化研究院助理研究员赵玉杰负责第六章、第十一章、第十二章的撰写，山东海洋经济文化研究院助理研究员管筱牧负责第七章、第十章的撰写。本书撰写历时3年，时间跨度比较大，虽然尽了最大努力对资料数据进行更新，但仍难免有欠缺之处。书中的缺点和不足，还请专家和读者不吝批评指正。

刘洪滨

2018年3月于青岛